Universal Menu

International Universal Menu Association

わかる！つたわる！行政サービス情報整理術

ユニバーサルメニュー導入公式ハンドブック

一般社団法人 ユニバーサルメニュー普及協会 編著

ぎょうせい

はじめに

　IoT 時代の到来により、インターネットが全ての「モノ」までも繋ぐようになりつつある時代においては、行政においても、国、市区町村の垣根に意味はなく、多彩な人の「知」がコラボできる空間（プラットフォーム）を作り、予期せぬ新しい価値を創造する「創発」的イノベーションが求められています。

　つながる時代のイノベーションは創発型だということです。

　多くの要因、多様性が複雑に絡まり合い、影響し合っている。その渾沌の中から、一気にエネルギーの向きが一定方向に揃った時に、思いもかけない価値が創出されます。

　創発プロセスをマネジメントするには、多様性が集まる場、つながりやすいインターフェース、コミュニケーションを促進する「しかけ」が必要です。

　行政においても、国やそれぞれの自治体がバラバラに取り組みを実施しているようでは、「創発」的イノベーションは起こりにくく、個々の参加者の横展開を促すプラットフォームの構築が不可欠です。

　本書は、日本が長い時間をかけて培ってきた、「行政サービス」という「知」の結晶を集積するプラットフォームとして構築された「ユニバーサルメニュー」に関する解説本です。

　本書は、「ユニバーサルメニュー」の背景となる基礎的な考えを理解し、さらにそれに基づいた行政サービスの体系化を行い、実際に活用するまでの実務的な解説まで行った、導入マニュアルとも言える書籍となっています。

　国、自治体の Web サイト、オープンデータ担当者に留まらず、行政経営改革の実現や地方創生を担う行政機関担当者の方、さらに、今後さらに重要度が高まる行政サービスを積極的に活用しようという企業を含めた様々な読者の皆さまが、行政サービスという「知」の結晶を活用する、一助となればと心から願っております。

慶應義塾大学 総合政策学部 教授
國領 二郎

目　次

はじめに

Introduction　What is UM（入門編）

第1章　UM（ユニバーサルメニュー）はなぜ生まれたのですか？
01 開発の背景1：利用者の「探せない」「わからない」を解決 …………… 4
02 開発の背景2：国や自治体内部の情報共有を円滑に ……………………… 5
03 開発の背景3：自治体間で普遍的な使いやすさを共有 …………………… 6
04 UMが目指すものとは……………………………………………………………… 9
UM Columns 01　使いやすさの2つの側面―デザインと内容（コンテンツ）… 10

第2章　UM（ユニバーサルメニュー）とはどんなものですか？
01 UMの2大要素「メニュー」と「コンテンツ」……………………………… 12
UM Columns 02　なぜUMは、"ユニバーサル"という言葉を使っているの
　　　　　　　　でしょうか？……………………………………………………… 12
02 UMメニュー：サービスとサービスの関係を構造化する ………………… 14
03 UMコンテンツ：コンテンツアイテムによる情報の構造化 ……………… 16
04 UMタグ1：検索性を高める2つのタグ……………………………………… 22
05 UMタグ2：標準化と独自性を両立させる2つのタグ……………………… 23

第3章　UM（ユニバーサルメニュー）による情報の共有化とは？
01 オープンデータと情報の構造化 ……………………………………………… 26
02 構造化のレベルと運用しやすさの両立 ……………………………………… 27
03 UMを活用した高度工業化Webサイト構築…………………………………… 28
UM Columns 03　情報共有を促進する「語彙定義」…………………………… 29
04 行政サービスを部品に分けて組み立てる …………………………………… 30

Practice　How to work with UM（実践編）

Phase Ⅰ　準備段階　作業を始める前に、これだけは決めておこう
TASK01 プロジェクトの前提条件を整理しよう ………………………………… 34
TASK02 利用者視点で設計しよう ………………………………………………… 38
TASK03 実施する作業範囲や制約事項を明確にしよう ………………………… 42
UM Columns 04　自治体におけるマーケティングの必要性 …………………… 46

Phase Ⅱ　設計段階1　メニューを集めて整理しよう
TASK04 整理の対象となる施策情報を抜き出そう ……………………………… 48
TASK05「リスト」を整理・分類して「メニュー」化しよう………………… 52
TASK06 メニューを使いやすく調整しよう ……………………………………… 56
UM Columns 05　UMメニューの活用：行政サービスの抜き出しを確実かつ
　　　　　　　　効率的に …………………………………………………………… 60

Phase Ⅲ　設計段階2　コンテンツを整理して、わかりやすくまとめよう
TASK07 コンテンツの雛形と例文を作成しよう ………………………………… 62

TASK08　コンテンツの雛形に沿って文章を作成しよう ……………………………… 66
　　TASK09　絞り込み検索の切り口（分類軸）の設計とタグ付けをしよう ………… 70
　　UM Columns 06　メニューのバージョン管理 ……………………………………… 76
　Phase Ⅳ　実装段階　使いやすさ、わかりやすさを実現するために
　　TASK10 利用者視点の表記・表現ルールを作成しよう ………………………… 78
　　TASK11 利用者の声を取り入れる仕組みを作ろう ……………………………… 82
　　UM Columns 07　「フロー情報」と「ストック情報」の違いに着目！ ………… 83
　　TASK12 図表やリンクの使い方に配慮しよう …………………………………… 84
　　UM Columns 08　利用者が自治体サイトに期待することは？ ………………… 85
　実践編　付録
　　UM 簡単導入ガイド【実践編】TASK 一覧 ……………………………………… 86
　　UM 用語集 ………………………………………………………………………… 87

Conclusion　Future perspective with UM
　UM のさらなる活用と今後の展開について ………………………………………… 88

資料編
　資料 1　　ユニバーサルメニュー　カテゴリ一覧 ………………………………… 92
　資料 2　　ライフイベント　8 カテゴリのサブカテゴリ一覧 …………………… 94
　資料 3-1「妊娠・出産」カテゴリのメニュー……………………………………… 98
　資料 3-2「妊娠・出産」カテゴリのテンプレート例 1「妊婦健康診査」………… 100
　資料 3-3「妊娠・出産」カテゴリのテンプレート例 2「出生届」……………… 102
　資料 4-1「子育て」カテゴリのメニュー………………………………………… 104
　資料 4-2「子育て」カテゴリのテンプレート例 1「乳幼児医療費（子ども医療
　　　　　費）の助成」………………………………………………………………… 106
　資料 4-3「子育て」カテゴリのテンプレート例 2「ファミリー・サポート・セン
　　　　　ター」……………………………………………………………………… 108
　資料 5-1「戸籍・住民票・印鑑登録」カテゴリのメニュー…………………… 110
　資料 5-2「戸籍・住民票・印鑑登録」カテゴリのテンプレート例 1「外国人との
　　　　　婚姻による氏の変更届」………………………………………………… 112
　資料 5-3「戸籍・住民票・印鑑登録」カテゴリのテンプレート例 2「離婚の際に
　　　　　称していた氏を称する届」……………………………………………… 114
　資料 6　　コンテンツパターン一覧 ……………………………………………… 116
　資料 7　　UM タグ（リザーブドタグ）一覧 …………………………………… 118
　資料 8　　UM を活用して構築されたポータルサイト『子育てタウン』の例 ……… 120

参考文献・参考 Web サイト一覧 …………………………………………………… 122
謝辞・執筆者ほか一覧 ………………………………………………………………… 123

図表目次

Introduction What is UM（入門編）

- 1-1　UM に沿った行政サービス情報整理のイメージ ………………………………… 4
- 1-2　（A 市）「子育て」関連情報のトップページの例 ……………………………… 6
- 1-3　（B 市）「子育て」関連情報のトップページの例 ……………………………… 7
- 1-4　（C 市）「子育て」関連情報のトップページの例 ……………………………… 8
- 1-5　UM マップの一部 ……………………………………………………………………… 13
- 1-6　UM テンプレート「出生届」の例 ………………………………………………… 13
- 1-7　UM の「妊娠・出産」メニューの一部 …………………………………………… 15
- 1-8　「児童手当法」の条文の抜粋 ………………………………………………………… 16
- 1-9　A 市の「児童手当」と「児童扶養手当」の記述例 ……………………………… 17
- 1-10　UM の 6 つのコンテンツパターン ………………………………………………… 18
- 1-11　UM の「届出系」と「施設系」のコンテンツアイテム ………………………… 19
- 1-12　「児童手当」の行政サービス情報の例 …………………………………………… 20
- 1-13　「児童扶養手当」の行政サービス情報の例 ……………………………………… 21
- 1-14　児童扶養手当の「リザーブドタグ」と「オープンタグ」の例 ………………… 23
- 1-15　タグを利用しない場合の検索方法の例 …………………………………………… 24
- 1-16　タグを活用した検索方法の例 ……………………………………………………… 24
- 1-17　共通の部品を使った自治体 Web サイト構築のイメージ ……………………… 28

Practice How to work with UM（実践編）

- 2-1　ホームページ改修に関する起案書と別添資料の例 ……………………………… 36
- 2-2　利用者視点での自治体サイト構築 ………………………………………………… 40
- 2-3　様々な端末から閲覧することを意識して制作された Web サイトの例 ……… 45
- 2-4　施策情報リスト化のイメージ ……………………………………………………… 50
- 2-5　整理・分類前の施策情報リストの例 ……………………………………………… 54
- 2-6　施策情報を整理・分類したリストの例 …………………………………………… 55
- 2-7　メニューの並び順を調整する前のリストの例 …………………………………… 58
- 2-8　メニューの並び順を使いやすく調整したリストの例 …………………………… 59
- 2-9　コンテンツパターンの設計例 ……………………………………………………… 64
- 2-10　元の施策情報をコンテンツアイテムに沿って簡潔に整理した行政サービス情報の例 ……………………………………………………………………………… 69
- 2-11　スプレッドシートを利用したタグのリストの例 ………………………………… 72
- 2-12　検索の切り口（入り口）を複数設けた画面設計の例 …………………………… 74
- 2-13　任意の順番で絞り込みができる検索画面設計の例 ……………………………… 75
- 2-14　『子育てタウン』で使用している基本的な表記・表現ルールの例 …………… 80
- 2-15　表記・表現ルールのねらいと定義の例 …………………………………………… 81

Introduction
What is UM
（入門編）

■第1章：UM（ユニバーサルメニュー）はなぜ生まれたのですか？

■第2章：UM（ユニバーサルメニュー）とはどんなものですか？

■第3章：UM（ユニバーサルメニュー）による情報の共有化とは？

第1章

UM（ユニバーサルメニュー）はなぜ生まれたのですか？

第1章では、UM開発の背景にふれながら、UMの導入で解決する課題、そしてUMが目指すものを紹介します。

01 開発の背景1：利用者の「探せない」「わからない」を解決

　UM（Universal Menu）の開発に取り組むきっかけとなったのは、国・自治体など行政機関のWebサイトに関する「利用者にとっての課題」でした。行政機関には、様々な良い行政サービスと立派なWebサイトがあるにもかかわらず、利用者が「知りたい情報を見つけられない」「見つけた情報が理解できない」という課題があることがわかりました。

　たとえば、東日本大震災の際には、国や自治体を中心に様々な復旧復興支援制度が提供されました。また近年では、子ども・子育て支援新制度により、子育てに関する国や自治体の支援が加速し、保育サービスを中心とする行政サービスの数が増えています。国や自治体のWebサイトには、こうした新たな行政サービスの情報がいち早く掲載され、その情報量は日々増えています。

　けれども、行政サービスの利用者である住民が、必要なサービスを探しあて、その内容を理解できなければ、その利用が高まりません。どんなに電子政府の仕組みが進んでも、利用者が「探せない」「わからない」では、その意味を成しません。

　こうした、「知りたい情報を見つけられない」「見つけた情報が理解できない」という利用者にとっての基本的な課題を解決し、利便性を高めることを目指して、UMは開発されました。

> **Note**
> **電子政府**
> 2003年の「電子政府構築計画」を起点として、国民の利便性・サービスの向上のための取り組みや、ITを活用した業務改革や効率化を行うための取り組みの総称。

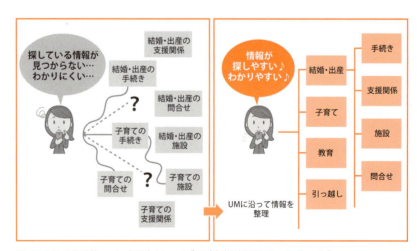

1-1 UMに沿った行政サービス情報整理のイメージ
　情報を分類・階層化することで、利用者は行政サービス情報を簡単に探すことができるようになる。

02 開発の背景2：国や自治体内部の情報共有を円滑に

　UMが対象とする利用者は、住民だけではなく、国・自治体など行政機関の職員も対象です。たとえば、利便性の高い電子政府の構築・運用のためには、運用体制の課題、職員の知識面での課題、電子政府に対する認識不足など、役所内の様々な課題の解決が不可欠です。こうした「役所内での利用者に関する課題」も解決しなければ、本質的な課題である「住民にとっての課題」を解決することはできません。

役所内での課題解決とは

　一般的に、行政機関のWebサイト運営は、広報担当や情報管理担当、あるいは総務企画担当が担っています。これらの担当者は、あくまでも広報やサイト運営のエキスパートであって、提供するすべての行政サービスに、必ずしも精通しているわけではありません。そこで、サイトに掲載するコンテンツは、実際の業務に携わっている各担当課が行うことが多くなりますが、専門的な内容を、サイト運営担当者がくまなく精査するのは困難です。その結果、利用者視点で内容や検索性をチェックする作業がどうしても甘くなり、もっぱら担当課目線のコンテンツになりやすくなります。

　一方で、担当課でもコンテンツの作成に関して悩みを抱えているのではないでしょうか。たとえば、住民にとっては同じ子育てに関する情報であっても、専門分化されている行政組織では、部署ごとに情報が分断されて管理されているため、部署を超えた網羅的な情報共有は困難だからです。

　また、役所内では人事異動が頻繁にあるため、新任の担当者が充分な知識を持てない場合があります。さらに、行政サービス自体も社会情勢に応じて変化するため、その内容をWebコンテンツに反映し続けることも大変な作業です。

　UMは、こうした役所内での課題解決も目指しています。行政機関のWebサイト担当者は、UMに沿って作業を行うだけで、サイト構築や運用業務の効率改善が可能となります。

03 開発の背景3：自治体間で普遍的な使いやすさを共有

　UMという新しいコンセプトが生まれた背景は、自治体のWebサイトを調べていく中で、「各自治体が提供している行政サービスは、細かい部分では自治体ごとに異なっているものの、基本的な支援の内容やメニューの見せ方、分類の仕方は自治体同士で共有できる」と気付いたことにあります。

　たとえば、「児童手当」はどの自治体でも必ず提供している行政サービスです。内容も全国共通で、自治体により所得制限がないということはありませんし、住民の手続きなしに手当が支給されるということもありません。支給額も支給要件も必要な

○行政サービスの情報にぬけもれがある自治体サイトの例

○A市子育てガイドブック

○健康カレンダー

○乳児相談

○1歳6カ月児健康診査

○2歳児歯科健康診査

○3歳児健康診査

○子どもの「食」教室（要予約）

○すくすく相談

○子ども医療費助成制度

○未熟児養育医療

○A市子ども・子育て会議

○児童クラブについて

○おやこサロン「ひまわり」・スポーツプラザで遊ぼう【PDF】

○親子で遊びに行こう！【PDF】

○児童手当

○児童扶養手当

○ひとり親家庭等医療費等助成制度

1-2 （A市）「子育て」関連情報のトップページの例
　　トップページに掲載されている行政サービス情報はこれがすべてである。あきらかに、情報のぬけもれがある。

手続きも、すべての自治体で共通です。

　しかし、自治体 Web サイトにおいては、こうした行政サービスの説明を、自治体ごとに思い思いのやり方で記載しています。そのため、必要な情報が一つのページで整然と提供されているサイトがある一方で、申請にあたって必要な書類の詳細や、所得制限に関する情報が別のページで公開されていて探しにくい状態であったり、そもそも児童手当について、住民向けの説明ページがないサイトさえある、という現状がありました。

　それならば、どの自治体サイトでも共通して利用できるメニューとコンテンツを、共通の「枠組み」として構築し、共有することはできないか——そうして生まれたのが、ユニバーサルメニュー（Universal Menu）です。

　このとき着目した自治体間の共通要素を、行政サービス情報

○行政サービスの情報が探しにくい自治体サイトの例

■子育て支援
　・いっしょに子育てしませんか～はじめの一歩～新生児期家庭教育学級のお誘い
　・幼稚園・保育園・こども園　説明会のご案内
　・地域子育て支援センター
　・公立保育園臨時職員（保育士）を募集します。
　・○○○児童館
　・子育てサロン（総合福祉会館２階　サンサンルーム）
　・平成２９年度Ｂ市私立幼稚園就園奨励費補助金について
　・「ひとり親家庭交流事業」　ワクワク！夏休み自然体験教室の開催について
　・○○○ファミリー・サポート・センター
　・電子母子手帳を始めました！
　・一時預かり事業
　・本で子育てを応援します。
　　●FAQ よくあるご質問
　　・ブックスタートで絵本をもらえるのはいつですか？
　　・はじめの一歩講座をもっと延長してほしい。もっと子育ての友達をつくりたい
　　・母子家庭で経済的理由から子供の養育が十分できないのですが
　　・ひとり親家庭等就業・自立支援センターとはどのような施設ですか
　　・小児救急相談事業について知りたい
　　FAQ を全て表示する。
■子育て相談
　　●FAQ よくあるご質問
　　・児童相談所以外に子供についての相談ができるところはありますか
　　・家庭で養育できない子供や、心身に障がいのある子供のための施設や療育支

1-3（Ｂ市）「子育て」関連情報のトップページの例
　　トップページは、お知らせや FAQ といったフロー情報を中心に構成されている。並び順も新着順であり、行政サービス情報が非常に探しづらい。

Note
フロー情報
フロー情報とは、日々流れていく情報を指す。これに対して、比較的長い期間蓄積されていく情報をストック情報という。詳しくは、コラム07（P.83）にて解説。

の「普遍性」(Universality) と呼んでいます。この、普遍性の背景には、行政サービスの拠り所となる法律、いわゆる「根拠法」の存在があります。同じ根拠法に基づく行政サービスですから、たとえば、ある自治体が使いやすい行政サービス情報を作成したとすると、その情報を別の自治体でも利用できることになります。言いかえれば、行政サービス情報の「使いやすさ」を自治体同士で共有できるということです。

　UM はこのように、行政サービスの根拠法にさかのぼることで、住民に確実に提供しなければならない全国共通の情報を、効率的かつ的確に網羅することを可能にします。

○ UM により、探しやすく整理された自治体サイトの例

```
[+] 健診・予防接種
[−] 経済的支援

育児に関する経済的支援
  → 子育て支援医療
  → 児童手当
  → 保育料の補助、減免
  → 私立幼稚園就園費補助金
  → にこにこおしり応援事業
ひとり親の方への経済的支援
  → 児童扶養手当
  → ひとり親家庭等医療
  → 母子及び寡婦福祉資金の貸付
  → 自立支援教育訓練給付金
  → 高等技能訓練促進費
障がい、難病のあるお子さんへの経済的支援
  → 特定児童扶養手当
  → 障害児福祉手当
  → 小児慢性特定疾患医療費の助成
  → 特定疾患医療費の給付
```

1-4（C 市）「子育て」関連情報のトップページの例
　　子育てに関する行政サービスが 1 ページに網羅されている。フロー情報を除外し、大分類と小分類の 2 段階に分類・整理されて一覧化されているため、探しやすい。

04 UMが目指すものとは

　ここまで、UM開発の背景にふれながら、UMのねらいについて解説してきましたが、改めておさらいすると、以下のとおりとなります。

（1）誰もが探しやすくわかりやすい行政サービスメニュー、情報コンテンツの開発
（2）国・自治体内の部署間や自治体間で共有できる、行政サービスメニュー体系の構築

　これに加えて、もう1つ、UMが実現したいねらいがあります。それは…
（3）行政に直接たずさわる一部の専門家だけでなく、行政サービスを実際に利用する人々がユニバーサルに参加し、内容をよりよくしていくためのプラットフォームとなること

　UMは、子育てをする主婦、学生、シニアといった、まさに行政サービス情報を必要としている利用者が具体的な作り手として携わることで、利用者自身の手で情報が整理され、行政サービスが使いやすくなることを目指しています。
　たとえば、国や自治体の子育て支援施策情報を集めたポータルサイト『子育てタウン』においては、行政サービスの提供者である国や自治体の視点だけではなく、実際に子育て経験がある住民などの声をベースにして、子育ての実態により密着したサイト設計やコンテンツ制作を行う取り組みが広がっています。
　UMは利用者が作り手として参加することで、受け手と作り手をつなぎ、自らの手でサービスや情報を整理して使いやすくアップデートできる共通基盤（プラットフォーム）となることを目指しています。

Note
UMを活用した、自治体の子育てポータルサイト『子育てタウン』については、資料編P.120を参照。

Note
共通基盤（プラットフォーム）
UMを自治体Webサイト構築の「共通基盤」として活用するメリットについては、第3章-03（P.28）にて解説。

UM Columns 01

使いやすさの2つの側面—デザインと内容（コンテンツ）

　Webサイトの使いやすさについて、少し視点を変えて、「デザイン」と「内容」という2つの側面について説明しておきたいと思います。なぜなら、探せない・わからない行政機関のWebサイト改善のためには、この2つの側面について充分理解し、双方の視点から改善していくことが不可欠だからです。

　使いやすさの視点でいう「デザイン」とは、Webサイト上の情報配置や色などのビジュアル表現全般を指します。具体的には、サイト上のメニュー配置、色使い、アイコン・イラストの活用は、この領域に入り、メニュー配置や色使いを工夫することでアクセシビリティ[1]やユーザビリティ[2]の向上が期待できます。

　一方、使いやすさの視点でいう「内容」とは、行政機関のWebサイトでどのように情報を発信するかということ、具体的には、言葉遣い、図表の使い方、あるいは情報の順番などを指します。

　この「デザイン」と「内容」は、双方が工夫されていないと使いやすいWebサイトでなくなってしまいます。アクセシビリティやユーザビリティまでも非常に配慮された「デザイン」であっても、「内容」がわかりにくいと、利用者にとっては使いにくいサイトになります。反対に、言葉遣いや情報の整理の仕方に神経が行き届いた、非常にわかりやすい「内容」であったとしても、「デザイン」が悪いと、同じく使いにくいサイトになります。

　これまで行政機関のWebサイトにおける使いやすさの改善というと、もっぱら「デザイン」の検討が行われ、「内容」の取り組みについては、あまり触れられてきませんでした。実際、国の電子政府関連の委員会でも、ユーザビリティに関する話といえば、ほとんどデザインやシステムに関する視点が中心でした。

　けれども、国・自治体など行政機関のWebサイトにおいて、使いやすさを改善するには、実は「内容」面での取り組みによる影響が極めて大きいということが、行政機関のWebサイトの改善にかかわる昨今の大きな流れとなっています。

---

[1]　アクセシビリティ：年齢や身体障害の有無に関係なく、誰でも必要とする情報に簡単にたどり着け、利用できること。
　　総務省『みんなの公共サイト運用ガイドライン』では、公的機関に対して、2017年度末までにJIS X 8341-3:2016の適合レベルAAに準拠するよう求めている。
　＜適合レベルＡＡの項目例＞
　・動画に音声解説を提供する。
　・テキストは、機能やデザインを損なうことなく200％まで拡大できるようにする。
　・文字画像ではなくテキストで情報提供する。

[2]　ユーザビリティ：使いやすさ、使い勝手の良さという意味合いで使われることが多いが、ISO 9241-11においては、ユーザビリティを「特定の利用状況において、特定のユーザによって、ある製品が、指定された目標を達成するために用いられる際の、有効さ、効率、ユーザの満足度の度合い」と定義している。

第2章

UM（ユニバーサルメニュー）とはどんなものですか？

第2章では、UMの構成要素であるUMメニューとUMコンテンツ、そしてそれらを有効活用するためのUMタグについて説明します。

UMメニューは各自治体の膨大な施策情報の棚卸しに役立ち、UMコンテンツは個々の行政サービス情報を項目ごとにもれなく記述し、情報を構造化することを可能にします。

UMタグは、UMメニューに掲載する行政サービスの分類や、UMコンテンツ内の情報を分類し構造化するうえで、非常に重要な要素です。

01 UMの2大要素「メニュー」と「コンテンツ」

　UMは、二つの部分で構成されています。一つは、行政サービスのリストからなる「メニュー」部分。もう一つは、個別の行政サービスの内容説明からなる「コンテンツ」部分です。「UMメニュー」によって各行政サービスを分類・階層化し、「UMコンテンツ」によって、個々の行政サービス情報を表現することで、行政サービスの探しやすさとわかりやすさを実現しています。

　具体的には、UMメニューは「UMマップ」で管理し、UMコンテンツは「UMテンプレート」で管理しています。

UM Columns 02
なぜUMは、"ユニバーサル"という言葉を使っているのでしょうか？

　電子政府関連の会合で、国と自治体間、そして自治体と自治体間での「標準化」「画一化」あるいは「汎用化」という話題がよく上ります。

　UMでは、「標準化」と、それ以外の「画一化」あるいは「汎用化」とは分けて考えています。

　UMの試みは「標準化」に近いアプローチで、画一化を主眼に置いた取り組みとは異なります。また、あらゆる自治体を1つの型にあてはめていく汎用メニューを提供するものでもありません。

　汎用メニューを英訳すると「ユニファイドメニュー（Unified Menu）」となります。「ユニファイド（Unified）」は「統一する、単一化、一元化」といった意味の言葉で、どちらかというと中央集権的なイメージがあります。また汎用を意味する、「ジェネラライズドメニュー（Generalized Menu）」は、汎用的な全国共通制度だけを対象としているイメージがあります。

　一方、UMの「ユニバーサル（Universal）」には、「普遍的」という意味のほかに、「万人のため、全人類のための」といった意味があります。UMのユニバーサルというネーミングには、普遍性・共有性を実現しつつ、各地域の独自性も踏まえたわかりやすさを、広く共有化したいという思いが込められています。

第2章　UM（ユニバーサルメニュー）とはどんなものですか？

UMマップ

```
01   妊娠・出産                           02   子育て
 01  届出・手続き                          01  健診・予防接種
  01  妊娠時の届出                          01  お子さんの健康診査
   01010101  妊娠の届出・母子健康手帳の交付     02010101  3か月児健康診査
   01010102  マタニティマーク                 02010102  10か月児健康診査
  02  出産時の届出                           02010103  1歳6か月児健康診査
   01010201  出生届                         02010104  3歳児健康診査
  03  その他                                02010105  ▲▲市独自の乳幼児健診
   01010301  認知届                        02  幼児期の予防接種
   01010302  国民健康保険の加入              02010201  定期予防接種
 02  健診・予防接種                          02010202  任意予防接種
  01  お母さんの健康診査                     02010203  予防接種前後の注意点
   01020101  妊婦健康診査                  02  金銭的支援
   01020102  里帰り出産時の妊婦健康診査の費用助成  01  育児に関する金銭的支援
   01020103  妊産婦の歯科健診                02020101  乳幼児医療費の助成（子ども医療費）
   01020104  ▲▲市独自の妊婦向け健診         02020102  児童手当
  02  赤ちゃんの健康診査                     02020103  ベビーシッターの助成
   01020201  先天性代謝異常等検査            02020104  保育料の補助、減免
   01020202  3か月児健康診査                02020105  幼稚園就園奨励費
   01020203  10か月児健康診査               02020106  幼児2人同乗自転車購入費の一部助成
   01020204  1歳6か月児健康診査              02020107  ▲▲市独自の育児に関する金銭的支援
   01020205  3歳児健康診査                 02  ひとり親の方への金銭的支援
   01020206  ▲▲市独自の乳幼児健診           02020201  児童扶養手当
  03  乳幼児期の予防接種                     02020202  ひとり親家庭医療費助成
   01020301  定期予防接種                  02020203  母子父子寡婦福祉資金
   01020302  任意予防接種                  02020204  自立支援教育訓練給付金
   01020303  予防接種前後の注意点           02020205  高等職業訓練促進給付金
  04  産前・産後の訪問指導
   01020401  妊産婦訪問
   01020402  未熟児の訪問指導
   01020403  新生児訪問
   01020404  乳幼児全戸訪問事業（こんにちは赤ちゃん事業）
   01020405  産後ケア事業
 03  金銭的支援
  01  妊娠・出産に関する金銭的支援
   01030101  特定不妊治療費助成
   01030102  ▲▲市独自の不妊治療費助成
   01030103  妊娠高血圧症候群（妊娠中毒症）に関する助成
   01030104  出産育児一時金
   01030105  出産費貸付制度
   01030106  出産祝い
   01030107  ▲▲市独自の妊娠・出産に関する金銭的支援
  02  育児に関する金銭的支援
   01030201  乳幼児医療費の助成（子ども医療費）
   01030202  児童手当
   01030203  ベビーシッターの費用の助成
   01030204  幼稚園就園奨励費
   01030205  幼児2人同乗自転車購入費の一部助成
   01030206  ▲▲市独自の育児に関する金銭的支援
  03  ひとり親の方への金銭的支援
   01030301  児童扶養手当
   01030302  ひとり親家庭医療費助成
   01030303  母子父子寡婦福祉資金
   01030304  自立支援教育訓練給付金
   01030305  高等職業訓練促進給付金
   01030306  ▲▲市独自のひとり親の方への金銭的支援
  04  未熟児、障がい、難病のあるお子さんへの金銭的支援
   01030401  未熟児養育医療の給付
   01030402  特別児童扶養手当
   01030403  障害児福祉手当
   01030404  小児慢性特定疾病医療費の助成
   01030405  特定疾患（難病）医療費の助成
   01030406  地域別特定疾患医療費
   01030407  ▲▲市独自の障がいのあるお子さんなどへの金銭的支援
  05  遺児の方への金銭的支援
   01030501  遺児等福祉手当
   01030502  ▲▲市独自の遺児の方への金銭的支援
 04  教育・保育サービス
  01  教育・保育サービスの利用について
   01040101
```

UMテンプレート

出生届

概要・内容

出生届とは、生まれてきたお子さんの氏名等を戸籍に記載するための手続きです。
戸籍に記載されることで、生まれてきたお子さんの親族関係が公的に証明されます。

名前を付ける（命名）のに使える文字

命名に使える文字は、常用漢字、人名用漢字、ひらがな、カタカナ、命名に使えるとされている符号「ー（長音）」「ヽ」「ヾ」（同音繰り返し）「々」（同字繰り返し）などです。使用できるかどうか分からない漢字があるときは、あらかじめお問い合わせください。
（名前に使える漢字【URL: http://www.moj.go.jp/MINJI/minji86.html】）

対象者

お子さんが生まれた方

届出できる人・届出方法・届出期日・届出窓口

お子さんの出生の日から数えて14日以内（国外で出生した場合は出生の日から起算して3か月以内）に、必要なものをお持ちになり、▲▲課窓口にお越しください。

届出できる人

届出はお子さんの父母が行ってください。父母の届出が不可能な場合は、同居者、出産立会人（医師、助産師又はその他の者）の順序に従い、届出ができます。
※非嫡出子の場合、届出できるのは父または母です。ただし、お子さんの出生前に父母が離婚をした場合には、母が届出をしなくてはなりません。
※届出書類の持参は上記以外の方でもかまいませんが、届出人欄には上記の方が記入してください。

届出窓口

休日や時間外でも宿日直での受付（受領）を行います（開庁時以外の受付時間：▲時から▲時）。
ただし、後日開庁時間に審査をしてから受理を決定します。
※出生地、本籍地または届出人の所在地の市区町村窓口でも受け付けています（届出人の所在地は一時滞在地を含みます）。
※届出の期限（14日目）が休みの場合：役所の休日（土日、祝日、年末年始）が14日目に当たる場合は、その日以後の最初の開庁日が届出の期限となります。

1-5　UMマップの一部
UMマップは、行政サービスを分類し、樹形図化したもので、すべてのメニューを1枚の用紙におさめたもの。

1-6　UMテンプレート「出生届」の例
UMテンプレートに沿ってコンテンツを作成することで、必要な項目をもれなく記述し、文章を構造化することができる。

13

02 UM メニュー：サービスとサービスの関係を構造化する

　UM メニューは、様々な行政サービスを「子育て」「高齢者支援」「防災」などサービスの分野や支援の種類に分けて整理し、一覧にしたものです。

　UM メニューでは、国や自治体が提供する行政サービスを広く網羅することに主眼を置いています。全国共通のサービスなのか、自治体独自のサービスなのかや、事業の主管が都道府県なのか市区町村なのかにかかわらず、住民が利用できる行政サービスであれば、すべての情報を網羅することが、利用者の利便性を高めると考えるからです。

　また、UM メニューが持つ網羅性は、自治体が抱える膨大な施策情報の「棚卸し」に役立ち、情報構造設計のベースとしても機能します。

　同時に、UM メニューでは行政サービスを分類する際に重要となる、分類軸の設計にも注力しています。どのように情報を整理するのか、整理した情報をどんな順番で配置するのかといった設計は、行政サービスそのものの探しやすさ、わかりやすさを大きく左右する要素です。この分類の核となる仕組みが「UM タグ」です。

　UM を活用した、自治体サイト内の行政サービスメニュー整理の実践については、実践編 Phase II で詳しく説明します。

Note
UM を活用した行政サービス情報の網羅性チェックについては、コラム 05（P.60）にて解説。

Note
UM タグについては、第 2 章 -04（P.22）で「カテゴリタグ」「対象者タグ」について、第 2 章 -05（P.23）で「リザーブドタグ」「オープンタグ」について解説。

メニュー
妊娠・出産
届出・手続き
妊娠時の届出
妊娠の届出・母子健康手帳の交付
マタニティマーク
出産時の届出
出生届
その他
認知届
国民健康保険の加入
健診・予防接種
お母さんの健康診査
妊婦健康診査
里帰り出産時の妊婦健康診査の費用助成
妊産婦の歯科健診
▲▲市独自の妊婦向け健診
赤ちゃんの健康診査
先天性代謝異常等検査
3か月児健康診査
10か月児健康診査
1歳6か月児健康診査
3歳児健康診査
▲▲市独自の乳幼児健診
乳幼児期の予防接種
定期予防接種
任意予防接種
予防接種前後の注意点
金銭的支援
妊娠・出産に関する金銭的支援
特定不妊治療費助成
▲▲市独自の不妊治療費助成
妊娠高血圧症候群（妊娠中毒症）に関する助成
出産育児一時金
出産費貸付制度
出産祝い
▲▲市独自の妊娠・出産に関する金銭的支援
育児に関する金銭的支援
乳幼児医療費の助成(子ども医療費)
児童手当
ベビーシッターの費用の助成
幼稚園就園奨励費
幼児2人同乗自転車購入費の一部助成
▲▲市独自の育児に関する金銭的支援
産前・産後の訪問指導
妊産婦健診
未熟児の訪問指導
新生児訪問
乳幼児全戸訪問事業（こんにちは赤ちゃん事業）
産後ケア事業

1-7 UMの「妊娠・出産」メニューの一部
本メニューは資料編 P.98 に掲載。

03 UM コンテンツ：コンテンツアイテムによる情報の構造化

UM コンテンツは、個々の行政サービスの内容を項目別に記載した詳細情報です。たとえば、子育てに関する行政サービスの説明が Web サイトに載っていたとします。しかし、そのサービスを自分が利用できるのか、利用できるとしたらどのような書類が必要か、書類を提出するにはいつ、誰が、どこに行けばよいか、手数料はどれくらいかかるか、といった情報がないと、そのサービスを利用することができません。

実はこれらの情報は、行政サービスの根拠となる<mark>法令</mark>や<mark>例規</mark>の中に詳しく書かれています。ところが、法令・例規の条文は専門用語や独特の言い回し、複雑な表現などが多く、予備知識

○「児童手当法」の条文

```
○児童手当法
                  （昭和四十六年五月二十七日）
                  （法律第七十三号）
             最終改正：平成二九年六月二日法律第四十五号

  第一章　総則

 （目的）
 第一条　この法律は、子ども・子育て支援法（平成二十四年法律第
    六十五号）第七条第一項に規定する子ども・子育て支援の適切な
    実施を図るため、父母その他の保護者が子育てについての第一義
    的責任を有するという基本的認識の下に、児童を養育している者
    に児童手当を支給することにより、家庭等における生活の安定に
    寄与するとともに、次代の社会を担う児童の健やかな成長に資す
    ることを目的とする。
 （受給者の責務）
 第二条　児童手当の支給を受けた者は、児童手当が前条の目的を達
    成するために支給されるものである趣旨にかんがみ、これをその
```

1-8「児童手当法」の条文の抜粋
専門用語や独特の言い回しで書かれているため、予備知識のない人が、ここから正確に内容を読みとるのは非常に困難である。

> **Note**
> **法令**
> 国および国の機関が定めるもので、具体的には「法律」と「政令」「内閣府令」「省令」などの「命令」を指す。行政サービスの実施が法令で規定されている場合に、UM では「全国的に実施されているもの」として判断する。

> **Note**
> **例規**
> 地方公共団体および地方公共団体の機関が定めるもので、具体的には「条例」と「規則」を指す。行政サービスの実施が法令に規定がなく、条例でのみ規定されている場合に、UM では「自治体独自に実施されているもの」として判断する。

のない人が内容を読み取るのは非常に困難です。そのため国や自治体では条文を読み込み、内容をわかりやすく整理する作業が必要で、その作業を経てようやく役所内で利用したり、住民や事業者向けにWebサイトや広報資料などで公開しています。

　ところが、業務の専門性が高いがゆえ、原稿の作成は担当課・担当者ごとに行うことになり、その結果、項目立てや項目名、説明順が担当課ごとにバラバラであったり、担当者の文章力や業務経験の差により、わかりやすさに差が出てしまいます。

　こうした問題を解決するため、UMでは、行政サービスを「届出」や「金銭的支援」「イベント」など、情報のタイプ別に6種類の「コンテンツパターン」を定義し、各コンテンツパターンごとに、説明に必要な情報項目「コンテンツアイテム」のリストとして整備することで、内容をわかりやすく整理する作業を「仕組み化」

> **Note**
> UMコンテンツパターンについては、実践編 TASK-07（P.62）および巻末資料（P.116）を参照。

○従来の方法で記述されたコンテンツの例

1-9 A市の「児童手当」と「児童扶養手当」の記述例
　コンテンツにより、項目立ての仕方や説明順などがバラバラで、読みにくい。

しています。

　この仕組み化により、行政サービスが 6 種類のコンテンツパターンのどれに当てはまるかを判断するだけで、説明に必要な項目が一意に定まり、情報の過不足を防ぐとともに、自然と項目立てたコンテンツが作成されて、利用者にとっての読みやすさが向上します。

　また、使用する項目名を統一することで、たとえば「行政サービスを利用できるのはどのような人か」という情報は常に「対象者」という項目名で表され、どのようなコンテンツでも、利用者が目当ての情報を見つけやすくなる効果もあります。

　さらに、UM ではコンテンツアイテムごとにデータを項目化して保存・管理するので（次頁・図 1-11 参照）、運用面においても、

1	届出系	2	申請系 金銭的支援
定義	手続き後に付帯業務の発生しない情報	定義	手当や助成金など、手続き後に金銭の授受が発生する情報
例	・出生届 ・転入届	例	・児童手当 ・乳幼児医療費助成

3	申請系 その他申し込み	4	申請系 イベント
定義	支援サービスなど、手続き後に何らかの授受が発生する情報	定義	講習会やイベントなど、手続き後に参加が発生する情報
例	・住民票交付申請 ・保育所への入所	例	・両親学級 ・就職セミナー

5	施設系	6	情報啓発系
定義	子育て支援センターや図書館など、何らかの施設の概略を示す情報	定義	上記に当てはまらないもので、特に情報提供自体を目的とした情報
例	・老人ホーム ・公園	例	・マタニティマーク ・学区マップ

1-10 UM の 6 つのコンテンツパターン

第2章　UM（ユニバーサルメニュー）とはどんなものですか？

コンテンツの修正・更新をする際に、編集が必要な項目を探しやすくなり、加えて不必要な情報を誤って編集してしまう危険を低くすることができます。

　この項目立てと項目名の統一化は、最近、様々なところで取り組みがなされている<u>オープンデータ</u>の流れに対して、情報の構造化や機械可読式という観点から、大いに効果を発揮します。

Note
オープンデータ
自由に使えて再利用でき、かつ誰でも再配布できるようなデータのこと。政府や独立行政法人、自治体などが保有する公共データが、国民や企業などから利活用されやすいよう、コンピュータで処理しやすい形で、二次利用可能なルールの下で公開されること。また、そのように公開されたデータを指す。

コンテンツパターン

1	届出系		5	施設系
定義	手続き後に付帯業務の発生しない情報		定義	子育て支援センターや図書館など、何らかの施設の概略を示す情報
例	出生届、婚姻届、転入届		例	子育て支援センター、老人ホーム、図書館、公園

コンテンツアイテム（項目）

#	届出系		#	施設系
1	制度名		1	制度名
2	概要		2	概要
3	内容		3	内容
4	対象者		4	アクセス
5	届出できる人		5	対象者
6	届出方法		6	利用料金
7	届出期日		7	利用時間
8	持ち物		8	休日
9	手数料		9	利用方法
10	届出書類		10	申請方法
11	記入例		11	申請期日
12	届出窓口		12	持ち物
13	こんな時は届出が必要です		13	申請書類
14	関連リンク		14	記入例
15	お問合せ		15	申請窓口
			16	関連リンク
			17	お問合せ

1-11　UMの「届出系」と「施設系」のコンテンツアイテム

○ UM の「コンテンツアイテム」に沿って記述されたコンテンツの例

児童手当	
概要	家庭における生活の安定と、これからの社会を担うお子さんの健やかな成長のために、中学校修了までのお子さんを養育している人に、児童手当を支給します。受給者の所得が所得制限限度額以上の場合、児童手当は支給されませんが、当分の間、「特例給付」が支給されます。 （以下、児童手当と特例給付を合わせて「児童手当等」とします。）
支給内容	手当は、2月、6月、10月に、前月までの4か月分をまとめて支給します。 支給額は、支給対象となるお子さんの年齢や、養育するお子さんの人数により異なります。 ※養育するお子さんの人数は、高校修了相当（18歳に達する日以降の最初の3月31日）までのお子さんのうち、年長者から第1子、第2子と数えます。 ＜児童手当の支給額＞ ・3歳未満：1人当たり月額1万5000円 ・3歳以上小学校修了前の第1子、第2子：1人当たり月額1万円 ・3歳以上小学校修了前の第3子以降：1人当たり月額1万5000円 ・中学生：1人当たり月額1万円 ＜特例給付の支給額＞ ・1人当たり月額5000円
対象者	児童手当・特例給付の受給対象となるのは、中学生以下のお子さんを養育し、次のいずれかに該当する人です。 （1）お子さんを養育している父母 ※父母ともに収入がある場合は、生計中心者（継続的に所得の高いほう）に支給します。 ※父母が離婚協議中等により別居している場合は、お子さんと同居しているほうに優先的に支給します。 （2）未成年後見人 （3）父母等が海外に住んでいる場合に、父母等の指定を受けてお子さんを養育している人（父母指定者） （4）父母等や父母指定者に養育されていないお子さんを養育し生計を維持している人 （5）児童福祉施設等の設置者（ただし、2か月以内の入所を除く） （6）里親
申請方法	児童手当を受けるためには申請が必要です。原則、申請した月の翌月分から支給されます。ただし、出生日や転出予定日（異動日）が月末に近い場合、申請が翌月になっても異動日の翌日から15日以内の申請であれば、申請月から支給します。申請が遅れると、遅れた月分の手当を受けられなくなることがありますので、ご注意ください。

1-12 「児童手当」の行政サービス情報の例

児童扶養手当

■概要
児童扶養手当とは、ひとり親家庭などの生活の安定と自立を助け、お子さんが健やかに育つために役立てていただくよう支給される手当です。お子さんが 18 歳になるまで（法令で定める障がいの状態にある場合は 20 歳になるまで）支給されます。所得制限がありますので、基準額以上の所得がある場合、手当は支給されません。

■支給内容
所得状況や対象となるお子さんの人数によって手当額が異なります。
4 月、8 月、12 月に、前月までの 4 か月分をまとめて支給します。

お子さん 1 人のとき
・手当の全額を受給できる人：42,290 円
・手当の一部を受給できる人：42,280 円から 9,980 円

お子さん 2 人のとき
・手当の全額を受給できる人：52,280 円
（1 人のときの月額に 9,990 円を加算した額）
・手当の一部を受給できる人：52,260 円から 14,980 円
（1 人のときの月額に 9,980 円から 5,000 円を加算した額）

お子さん 3 人のとき
・手当の全額を受給できる人：58,270 円
（2 人のときの月額に 5,990 円を加算した額）
・手当の一部を受給できる人：58,240 円から 17,980 円
（2 人のときの月額に 5,980 円から 3,000 円を加算した額）

以降、お子さんが 1 人増えるごとに
・手当の全額を受給できる人：5,990 円を加算した額
・手当の一部を受給できる人：5,980 円から 3,000 円を加算した額

■対象者
次のいずれかの条件にあてはまるお子さんを監護している母 、お子さんを監護し、かつ、生計を同じくする父または父もしくは母に代わってそのお子さんを養育している人
お子さんとは 、18 歳になって以降、最初の 3 月 31 日までの人です 。ただし 、心身に一定の障がいがある人は、20 歳の誕生日の前日までの人が支給対象になります 。
・父母が婚姻（内縁関係を含む）を解消したお子さん
・父または母が死亡したお子さん
・父または母が一定の障がいの状態にあるお子さん
・父または母の生死が明らかでないお子さん
・父または母から 1 年以上遺棄されているお子さん
・父または母が裁判所からの DV（配偶者からの暴力）保護命令を受けたお子さん
・父または母が引き続き 1 年以上拘禁されているお子さん
・婚姻によらないで生まれたお子さん
・父母ともに不明であるお子さん

■申請方法
児童扶養手当の支給を受けるためには申請が必要です。認定されると、申請日の翌月分からの支給となりま

1-13 「児童扶養手当」の行政サービス情報の例

04 UMタグ1：検索性を高める2つのタグ

「タグ」は値札や荷札を意味することばです。お店に並ぶ商品には、多くの場合タグがつけられており、商品名・値段・ブランドなどの情報を提供しています。この概念はインターネットの世界でも応用され、情報を分類するための「印（しるし）」としてタグが活用されています。

オープンデータの推進にあたっても、行政サービス情報をタグによって分類・整理したうえで、機械判読に適したデータ構造でWebサイト上に公開することが、情報の検索性を高めるために推奨されています。

「カテゴリタグ」と「対象者タグ」

UMでも、行政サービス情報を分類するにあたって「UMタグ」と呼ばれるタグを使用しています。UMタグでは基本的なタグを「カテゴリタグ」「対象者タグ」の2種類に分類し、これらの組み合わせにより、すべての行政サービス情報を表現します。

「カテゴリタグ」は、行政サービスの属性（行政サービスの分野や支援の種類など）を表現します。たとえば、「子育て」「健康・医療」「届出」「施設」などです。

「対象者タグ」は、行政サービスの対象者の属性（行政サービスを受けることができる人・団体など）を表現します。たとえば、「ひとり親」「高齢者」「被災者」「法人・団体」などです。

なお、「カテゴリタグ」「対象者タグ」という区分は、数あるタグを把握しやすくするために、管理用に設定したものです。

従来のツリー構造（ディレクトリ構造）を利用した方法では、ユーザーは情報発信者が決めた順番でしか情報を絞り込むことができませんでした。しかし、タグを活用することで、任意の順番でタグを指定して情報を絞り込むことが可能となり、どの方向からでも利用者が探したい切り口や順番で目的の情報に到達しやすくなります。

Note
タグの設計とタグ付けの実践については、実践編TASK-09 (P.70)、UMのタグ一覧は資料編P.118を参照。

Note
ディレクトリ構造
情報をグループ分けして樹形図状に整理した構造。パソコンにおいて電子ファイルを整理するためのフォルダ分けなどもこれにあたる。

Note
検索の切り口（入り口）を複数設けた検索方法の例については、実践編P.74・図2-12を参照。任意の順番で絞り込みできる検索方法の例については、入門編P.24・図1-16、実践編P.75・図2-13を参照。

05 UMタグ2：標準化と独自性を両立させる2つのタグ

タグについては、「どこまでタグ項目を標準化するか」という議論がよくなされます。国や都道府県がトップダウンでタグを画一的に定めるか、それとも各自治体の独自性に任せるのか、という議論です。

この点について、UMでは中間的なアプローチをとっています。つまり、ある程度までは標準化しつつ、ある程度までは独自性を認め、それらを共存させる方法です。

「リザーブドタグ」と「オープンタグ」

UMタグは、私たちがこれまで行政サービス情報をリサーチし続けた成果をもとに、どの自治体でも確実に必要だと思われる基本的な事項を網羅しています。これを、"あらかじめ備えつけられたタグ"すなわち「リザーブドタグ（Reserved Tag）」と呼んでいます。

Note
UMのリザーブドタグ一覧は、資料編P.118を参照。

リザーブドタグはあくまでごく基本的なものだけを規定したもので、それぞれの自治体のニーズに合わせたタグを追加することを想定しています。たとえば、コンテンツの作成・管理を行う担当部署をひもづけるためのタグや、マイナンバーが必要な手続きを絞り込むためのタグなどです。このように目的に応じて"開放的に設定されるタグ"を、オープンタグ（Open Tag）と呼んでいます。

「リザーブドタグ」と「オープンタグ」の両者を上手に活用することで、タグによる標準化と独自性を同時に実現することが可能となります。

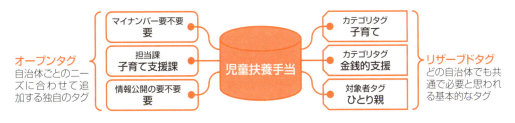

1-14 児童扶養手当の「リザーブドタグ」と「オープンタグ」の例

1-15 タグを利用しない場合の検索方法の例
　　　タグを利用しない場合は、あらかじめ設計されたリンクの順番でしか、情報をたどることができないため、探したいサービスがあいまいな利用者は、情報にたどりつきにくい。

1-16 タグを活用した検索方法の例
　　　タグを活用して画面設計を行うと、タグの組み合わせにより利用者の探したい順番で情報を絞り込んでいくことができる。また、探したいサービスがあいまいな利用者も、用意されたタグをキーワードとして、状況やニーズに応じた情報にたどりつくことができる。

第3章

UM（ユニバーサルメニュー）による情報の共有化とは？

行政サービスの情報発信において、昨今、注目を集めている重要なテーマがオープンデータです。オープンデータ化するうえで大切なことは、機械可読式データ形式の実現と情報の構造化です。

第3章では、UMのさらなる活用の可能性について説明します。UMを活用してWebサイトを構築することで、行政サービスを機械可読に適した構造にできるとともに、行政サービス情報管理の生産性を向上させることができます。

01 オープンデータと情報の構造化

> **Note**
> **地方公共団体オープンデータ推進ガイドライン**
> 地方公共団体におけるオープンデータを普及拡大する観点から、オープンデータの推進にかかる基本的考え方などを整理し、地方公共団体がオープンデータに取り組むにあたっての参考となるよう、内閣官房IT総合戦略室が2015年に策定（2016年に改定）したガイドライン。

> **Note**
> **手引書**
> 『オープンデータをはじめよう～地方公共団体のための最初の手引書～』を指す。内閣官房IT総合戦略室が2015年に策定（2016年に改定）した、これからオープンデータに取り組もうという自治体を対象として、オープンデータについての考え方や取り組みの進め方をできるかぎり平易に解説した手引書。

> **Note**
> **機械可読**
> コンピュータによる文書構造の認識のしやすさ。機械可読性が高いほど、文書は検索しやすくなる。詳しくは、次頁（P.27）にて解説。

　2015年2月に、内閣官房情報通信技術（IT）総合戦略室が「地方公共団体オープンデータ推進ガイドライン」と「手引書」を公表し、オープンデータの取り組みにもいよいよ拍車がかかってきました。

　オープンデータ化の必須要素としては、公開する情報の多様性やアクセス性の向上、著作権、そしてセキュリティなど様々な要素があげられます。その中でも大切なのが、機械可読式データ形式の実現と情報の構造化です。

　コンピュータが単独で、その情報の内容を理解し、情報の構造を抽出し、独自に分類することは容易ではありませんが、UMを活用して行政サービスを記述すると、情報を機械可読に適した構造にすることができます。

　なぜなら、UMに沿って作成された情報は、最初から電子データになっているのはもちろんのこと、情報が「概要」「対象者」「支給内容」など、項目（コンテンツアイテム）ごとに個別のデータに分かれた状態に整理されており、さらに、タグによってその情報が、「妊娠・出産」関連、「金銭的支援」関連など、情報の種類に分けられているからです。UMでは、行政サービスのデータ構造を次の2つの軸から定義しています。

（1）内的構造化：対象とする情報の内容を構造化する
（2）外的構造化：対象とする情報と他の情報との関連性を構造化する

　第2章で解説したUMコンテンツは「内的構造化」に、UMメニューは「外的構造化」に対応しています。これらは双方で一体となる概念で、外部と内部に区別して、どちらかだけを考えればいいわけではありません。オープンデータの構造化をめぐっては、この2つの軸がよく混同して議論されますが、UMではこの2つを明確に分けた設計をしています。

02 構造化のレベルと運用しやすさの両立

　情報の構造化にあたっては、「機械可読性」と「人間可読性」との両立が重要です。

　「機械可読性」とはコンピュータによる処理のしやすさをいいます。たとえば「児童手当の支給額は15,000円です。」や、「家族を介護する人に100,000円を支給します。」のように書かれた文章を集めても、コンピュータで支給金額の合計を計算する、といったことは困難です。これが、「児童手当の支給金額：15000」「家族を介護する人への支給金額：100000」のように書かれていると、コンピュータは「：」の後に書かれた数字を足し合わせることで合計金額の計算ができるようになります。

　このように、情報を構造化して機械可読性を高めることで、IT技術を応用した様々な仕組みやサービスで活用できるようになり、情報の価値をより高めることができます。

　一方、機械可読性を優先しすぎると、こんどは人が理解しにくい情報となってしまいます。たとえば、

<target>家族を介護する人</target><pay>100000</pay>

のような記述は、誰もがなじめるわけではありません。

　最終的にはコンピュータが処理を行うのだとしても、構築時に入力を行ったり、古くなった情報を更新したりするのは、まだまだ人間が行う作業です。

　情報の構造化を進めるにあたっては、情報を扱う人たちのITスキルがまちまちであることを念頭に置いて、シンプルな整理・分類から始めて「段階的に」構造化に取り組むべきでしょう。

03 UMを活用した高度工業化Webサイト構築

　UMを活用した国や自治体のWebサイト構築は、誤解を恐れずに例えると、工場で生産された部材を現場で組み立てる、いわゆるプレハブ住宅のコンセプトに似ています。

　プレハブ住宅というと、一昔前では安かろう悪かろうのイメージがあったかもしれません。しかし、最近ではプレハブの技術も大きく進歩しています。たとえば、住宅市場では「高度工業化住宅」という言葉をよく耳にします。これは、住宅を自動車や家電製品のような工業製品とみなす発想です。高い品質の住まいづくりを実現するために、品質管理を徹底して各部材を厳密に規格化し、短い工期と高いコストパフォーマンスを実現させています。高度工業化住宅では、単なる均質化だけでなく、顧客のニーズに合わせた設計もできます。工期を短縮してコストが節約できるぶん、部材の品質やデザインなどにこだわって高級化する傾向にあります。

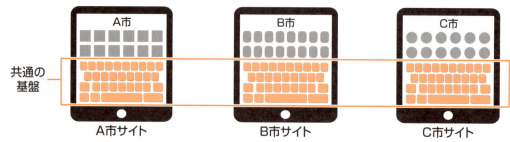

1-17 共通の部品を使った自治体Webサイト構築のイメージ

第3章　UM（ユニバーサルメニュー）による情報の共有化とは？

　UMを活用したWebサイト構築は、基本的にこの考え方に近いアプローチです。ある程度まであらかじめ規格化された共有部材であるUMを自治体サイトの骨組み＝「共通基盤（プラットフォーム）」にすることで、UMの仕様に従って行政サービス情報を精緻化してコンテンツの品質を高めることができます。また、サイトやコンテンツの管理・運用に必要な項目もUMで明らかになっているので、体制自由度を確保しながらその自治体ならではのサイトを短時間・低コストで構築することができます。

　UMの活用は、行政サービス情報の生産性を向上するための、高度工業化の方法であるともいえるでしょう。

UM Columns 03
情報共有を促進する「語彙定義」

　情報の構造化に関するもう一つの論点は、構造化したデータの各要素をどのように定義するのかという問題です。

　「住民向け情報」や「子育て」といった、情報を外的に構造化するカテゴリタグや、「対象者」や「支給内容」など、情報の詳細を内的に構造化するコンテンツアイテムも、こうした語彙[*1]が何を意味するか、またそれを誰が定義するべきなのかは、慎重に議論する必要があります。こうした語彙の定義も、やはり厳密に議論すればするほど情報は精緻になりますが、そのぶん専門家以外には理解しにくくなってしまいます。

　この点については、これまで様々なところでなされてきた議論を参照することをおすすめします。たとえば、経済産業省がすでに進めている「共通語彙基盤[*2]」は、情報交換がより容易になるように、情報交換する際のデータ構造を共通化して既存のデータとマッピングを行っています。各組織が共通の語彙基盤を導入すれば、地域・組織・部署・業種・業務の壁を越えた、組織横断的な情報連携やオープンデータ利活用が可能になると期待されています。ほかに、総務省の「中間標準レイアウト[*3]」でも非常に先進的な議論が展開されています。

＊1　語彙：言葉の集まり。コンピュータにおいては、言葉とそれが表すデータとその形を明確に定めた「用語」の集まりを「語彙」という。
＊2　共通語彙基盤：独立行政法人情報処理推進機構（IPA）が提唱する語彙。行政組織間でのデータのやり取りや、オープンデータを円滑に行うことなどを目的としている。
＊3　中間標準レイアウト：地方公共団体の情報システムを更新する際に、新しいシステムへのデータ移行をスムーズに行うためのデータ仕様。各システムが中間標準レイアウトと互換性を持つことで、中間標準レイアウトを経由したシステム間でのデータ移行を行うことができる。総務省が公開し、地方公共団体情報システム機構が管理を行っている。

04 行政サービスを部品に分けて組み立てる

　ここまでの入門編で解説してきたように、UM の根幹を成すのは、行政サービス情報の内容を整理して共有できるところを部品化（データ化）し、それを組み立てて構造化する発想です。橋や道路などの建築物や構造物はもちろんのこと、工業製品としてのハードウエア、そしてソフトウエアでさえも、構造体や部品化という概念がありましたが、行政サービス情報を部品に分けて構造化しようとする取り組みは、全国的に広く浸透しているとはいえません。

　しかし、これは特別なことではなく、アマゾン（Amazon.com）などの EC サイトや、通信販売を行う民間企業などが行っていることに類似しています。つまり、商品情報を商品データベースとして構造化して保持することにより、サイトの構築や商品管理を容易にしています。UM は、こうした発想を行政サービス情報に適用したものです。

　今後、自治体間競争が活発化していく中にあって、各自治体が自分たちの目標を達成するために、最小限のインプット（人的、金銭的投資）から最大限のアウトプット（成果）を出さなければなりません。この課題を解決するためには、ほどよく規格化された情報を、安価にすばやく取り入れて、そのうえで独自の行政サービス情報などを追加するアプローチが有効です。

　共通基盤の構築というと、あらゆる自治体の情報を均一にしてしまうかのように誤解されがちです。UM が目指しているのは、そのような画一化ではなく、共通基盤の上に自治体の独自性を築くことです。

　子育て支援制度はすべての自治体に必ずあり、その中には児童手当などの基本的な行政サービスが必ず含まれています。こうした共通項を整理すれば、自治体ごとに展開されている独自のサービスがどのようなものかを明確化でき、その自治体の個性を利用者により強く伝えることができます。UM を共通基盤として活用することは、行政サービスの効果と効率の双方を向上させることになるのです。

Practice
How to work with UM
（実践編）

　本編では、ＵＭを活用した自治体サイト全体のリニューアルや、「子育て」「高齢者・介護」といった個別情報サイト構築の際の実践的なポイントについて、【準備】【設計】【実装】の各段階に分けてご紹介します。

　ここでは、あらゆる媒体の情報データベースとして活用が期待できるWebサイトを中心に説明を行っています。情報を構造化し、データ化しておくことで、Webサイトに限らず、住民向け冊子やリーフレット、部署内での作業マニュアル作成や、予算作成時の事業の洗い出しなど、あらゆる場面での情報収集・情報共有に役立てることができます。

　実践編の最後に、実践編でご紹介する作業の流れをまとめた「UM簡単導入ガイド（P.86）」および「UM用語集（P.87）」を掲載しています。併せてご活用ください。

Phase I
準備段階

作業を始める前に、これだけは決めておこう

　Phase Iでは、UMに対応したWebサイトの開発や改修プロジェクトの開始にあたって、明確にしておくべきいくつかのポイントについて解説します。

　一つひとつはごく当たり前のことですが、プロジェクトが複数部署にまたがったり、担当者が途中で代わったりしても、関係者全員のベクトルがぶれることのないよう、大切なことは明文化しておきましょう。

　この章でやること…

TASK01	プロジェクトの前提条件を整理する
TASK02	利用者視点で設計する
TASK03	実施する作業範囲や制約事項を明確にする

TASK01 プロジェクトの前提条件を整理しよう

プロジェクトの全体像を明確にしよう

　公的機関のWebサイトにＵＭを導入する際、まず1番目に大切なことは、今回行うサイト構築やサイト改修プロジェクト全体の方向性を明確にすることです。

　特に、複数年や複数部署にまたがるプロジェクトの場合、プロジェクト全体の方向性を把握しないまま、たとえば「CMS[*1]の入れ替えに伴って、コンテンツもデザインも見直す。」とか、「今年度中にアクセシビリティ[*2]対応を完了する。」といった、個別の達成目標だけでプロジェクトが進む、といったことはないでしょうか。

　プロジェクト全体の方向性を把握しないまま作業を行おうとすると、各作業段階で都度、会議等を招集して確認・調整しながら作業を進めなければならず、担当者の負担が増えます。かといって、担当者間の認識がずれたまま、それぞれの考えで進めてしまうと、あとで、「あんなに時間と予算をつぎ込んだのに、何一つ改善されなかった」ということになりかねません。

　そうした事態に陥らないためには、プロジェクト開始にあたって関係者の誰もが同じベクトルでプロジェクトを進めていくことができるよう、「背景」「基本方針」「必要条件」「スケジュール」といった前提条件について確認し、共有しておくことが非常に重要です。

現状の課題を洗い出そう

　プロジェクト全体の方向性が確認できたら、「現状の課題」や「利用者像」についても明確にしておきましょう。

　ここではまず、課題の洗い出しから行います。

　たとえば、自治体サイトをリニューアルするのであれば、現状サイトの課題の洗い出しを、サイト管理者や運営担当者の目線からだけでなく、「住民」や「事業者」などの視点からも行います。

　現状の課題はどういった内容で、今回のプロジェクトによりどのようなことを解決しようとしているのかということについて、担当部署内はもちろん、関係する部署間、できれば役所のトップである首長とも共有・確認することがとても大切です。

　同様に、サイトの利用者像についても共有・確認が必要です。利用者像の明確化については、TASK02（P.38）で、説明します。

　ここで確認した「現状の課題」や「利用者像」は、今回のプロジェクトのためだけでなく、サイト構築・改修後のスムーズな更新・運営のため、そして、次のプロジェクトに活かすためにも、簡単でよいので明文化しておき、それを定期的に確認することをおすすめします。

準備段階 >> 設計段階1 >> 設計段階2 >> 実装段階

TASK01/12 プロジェクトの前提条件を整理する

Work Sheet

プロジェクトの前提条件を明確にしましょう。

過去に作成された資料や次頁（P.36・図2-1）なども参考に、プロジェクトを進めるにあたっての前提条件を明文化しましょう。

①本業務の背景

②本業務の基本方針

③本業務遂行のための必要条件

④スケジュール

現状サイトの課題を、それぞれの立場から書き出してみましょう。

①首長・幹部目線

② Web 管理者目線

③担当課目線

④住民目線

＊1 CMS：Contents Management System の略。Webページの管理画面からテキストや画像を登録することで、特殊なWebの知識やスキルがなくてもWebサイトを更新することができるシステム。

＊2 アクセシビリティ：年齢や身体障害の有無に関係なく、誰でも必要とする情報に簡単にたどり着け、利用できること。総務省『みんなの公共サイト運用ガイドライン』では、公的機関に対して、2017年度末までに JIS X 8341-3:2016 の適合レベル AA に準拠するよう求めている。

与件の整理

本業務の背景
現在の自治体WEBサイトを取り巻く環境は急速に変化しており、単なる広報媒体から、戦略的広報、オープンデータプラットフォームへと変化しつつある。こうした状況に対し、当市WEBサイトを活用した広報活動に積極的に取り組むことは必要不可欠であり、今回の全面リニューアルを行うもの。

また、当市WEBサイトは市内外の様々な人が閲覧することを鑑み、アクセシビリティへの対応とともに、分かりにくい自治体WEBサイトからの脱却を図るため、CMSやデザインだけでなく掲載する内容のあり方についても積極的に検討すべきで、今回のリニューアルにおいても中心的な業務と位置付けて推進‥‥‥‥‥‥‥‥‥‥‥‥

WEBサイトの基本方針
(1) 利用者にとって使いやすいWEBサイト（暮らしの情報・地域魅力に係る情報の集約、利用者視点による検索性の向上）
　→ 日々WEBサイトを訪問する市民が必要としている情報の辿り着きやすさを検討‥‥‥‥‥‥‥‥
(2) PCやスマホ、SNSとも連携した複合的な情報発信を実現
　→ 様々なアクセス手段や急速に進化するメディアの多様化への対応を推進し、利用者の動向に応じ‥‥
(3) 当市オープンデータの公開場所となるWEBサイト（必要な情報のマッチング）
　→ 官民データ利活用推進基本法の成立に加え、当市WEBサイトを介した更なる住民サービスの向上につながる新しい民間の取り組みを支援するため、本リニューアルにおいてオープンデータを整備‥‥‥‥

市WEBサイト改善の必要条件①

(1) 市の広報戦略、及びWEBサイトの位置付けの検討
- WEBサイトのみならず、広報誌やSNSなども含めた市全体の広報戦略の検討を実施‥‥‥‥‥‥‥
- サイト全体のガイドライン・運用体制の整備
  ➡ **20XX年X月 全庁的な検討委員会を設置**
  CIO（最高情報統括責任者）をトップとするIT化推進本部会議の個別課題検討委員会を設置し、全庁的な検討に着手

(2) カテゴリやメニュー、コンテンツの構成を見直し、検索性の向上や使い勝手の改善
- カテゴリ構成を見直し、利用者が検索しやすくなるように設計し、カテゴリに属するコンテンツを定義、階層が深くなっていかないようにカテゴリ新設のルールを制定し‥‥‥‥‥‥‥‥‥‥‥‥‥‥‥‥‥
- スマートフォンをはじめとする様々な端末における適切な表示
  ➡ **CMSを入れ替え、20XX年から2ヵ年かけてWEBサイトを再構築**
  20XX年度には再構築に向けてWEBサイト内のデータを整理

(3) アクセシビリティJIS規格への対応
- アクセシビリティJIS規格（JIS×8341-3:2010）の対応方針を策定
  ➡ **20XX年4月 市WEBアクセシビリティ方針を策定**
  20XX年度末までに等級AAに準拠

(4) オープンデータ推進のための基盤整備
- サイトに掲載する情報がオープンデータとして提供されるよう、データ構造の見直し

市WEBサイト改善の必要条件②

WEBサイトの分かりやすさを実現する2方向からのアプローチ

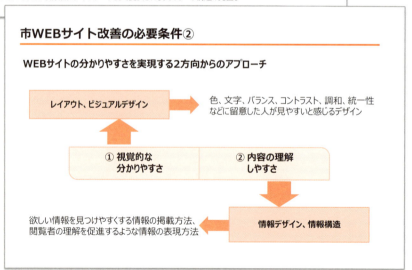

2-1 ホームページ改修に関する起案書と別添資料の例

Phase I 作業を始める前に、これだけは決めておこう

【補足資料1】 現状の課題

【市民目線】
- サイトに統一性がないため不便で見にくい（部局、担当課、担当者ごとにバラバラ）
  ○ ○○○○○○○○○○○○○○○○○○○○○○○○○○
- スマートフォンなど様々な端末でアクセスした際に、適切に表示されない
  ○ ○○○○○○○○○○○○○○○○○○○○○○○○○○
- コンテンツが整理・分類できておらず、TOPページから辿り着けない
  ○ ○○○○○○○○○○○○○○○○○○○○○○○○○○
- 必要な情報やコンテンツが網羅されていない（紙媒体などで配布している内容がWEBサイトに掲載されていない）
  ○ ○○○○○○○○○○○○○○○○○○○○○○○○○○

【自治体目線】
- 自治体のサイトとして何が必要かを示す、全体の指針が設けられていない
  ○ ○○○○○○○○○○○○○○○○○○○○○○○○○○
- コンテンツ作成時のベースとなるテンプレートがないため、各課で情報の粒度がバラバラになる
  ○ ○○○○○○○○○○○○○○○○○○○○○○○○○○

【補足資料2】 利用者像① 住民

【地域住民】
1. **子育て世代**（スマホで情報を受け取ることが多い）
   属性：当市UM公園の再開発に伴い増加したタワーマンションの子育て世帯
   知って欲しい情報：空き保育園の情報、予防接種や健診の情報など
2. **アクティブシニア世代**（広報誌など紙媒体で情報を受け取ることが多い）
   属性：健康教育センターにおける各種教室、イベントに参加したいと考えているシニア
   知って欲しい情報：教室・イベント等への申込方法

【市外の住民】
1. **観光客**（インバウンド/国内旅行）
   属性：市内の観光名所「○○神社」へ行く観光客
   知って欲しい情報：駅から○○神社へのルート上の名所旧跡など
2. **移住・定住希望者**
   属性：Uターン
   知って欲しい情報：家賃補助や住み替え支援などの各種助成、支援

【補足資料3】スケジュール

	20XX年度	20XX年度	20XX年度
全体	インターネットを活用した情報発信の整理検討		
CMS	アクセシビリティJIS達成等級AAとなるようサイトを再構築		試験
管理サイト	WEBサイト設計 → WEBサイト構築		次期WEBサイト切り替え
	各局区での現行運用		

必要予算
- 20XX年　○○○○　　○○○○円
- 20XX年　○○○○　　○○○○円
- 20XX年　○○○○　　○○○○円

TASK02 利用者視点で設計しよう

利用者視点で設計しよう

　TASK01で確認したプロジェクトの全体像や課題とともに、プロジェクトを進めていく中で、常に意識しておきたい重要なポイントがあります。それは、「利用者視点」で設計することです。

　具体的には、どのような人が、どのような状況で、どのような情報にアクセスしているのかという、利用者の実態に沿ってサイト設計をすることです。これは、収益性を追求する企業マーケティングにおいては、これまでも必然的に行われてきた手法です。すべての利用者（住民）を対象に、それぞれに合ったアプローチを行う必要がある国や自治体の情報発信においては、マーケティングはより一層重要です。[*1]

アクセス経路を想定しよう

　自治体サイトの中には、ページ一覧が担当課ごとに分かれているケースがあります。そのほうが管理しやすく、職員も情報を探しやすいからだと考えられます。もちろん、正確で迅速なサイト更新のために、担当課ごとにページを管理すること自体は悪いことではありませんが、住民が、担当課のページ一覧からしか情報にたどり着けないようでは困ります。

　最近では、「妊娠・出産」「子育て」「教育」「就職」「結婚」「住まい」「高齢者・介護」「ご不幸」といったライフイベントやライフステージで行政サービスを分類するケースも増えてきました。しかし、分類するだけでは充分ではありません。

　自治体サイトには、地域の住民だけでなく、観光客や転入を考えている人、企業の担当者など、日々、様々な人がアクセスしてきます。各ページへのアクセス経路[*2]も様々で、ライフイベントのトップページからたどってくる人もいれば、キーワード検索でダイレクトにページにたどり着く人もいます。イベント情報や健診のお知らせなどは、ブックマークされたイベントカレンダーなどからアクセスされるケースも考えられます。

　このように、利用者がどのような情報の探し方をしているのかということを把握したうえで、メニュー設計やコンテンツ設計[*3]を行うことが、「利用者視点」のサイト設計にとって非常に重要です。

利用端末ごとの課題を整理しよう

　このほか、たとえばPCとスマホでは、画面の大きさや、操作の仕方などが異なるため、現状サイトにアクセスする際の課題も異なります。こうした課題を、情報アクセスに利用する端末ごとに整理しておきましょう。

準備段階　>>　設計段階1　>>　設計段階2　>>　実装段階

TASK 02/12 利用者視点で設計する

Work Sheet

✏️ 次頁（P.40・図2-2）を参考にして、サイトの利用者像（属性やライフステージ）を書きましょう。
（例：利用者の属性／性別・年齢・所得状況　など、ライフステージ／就職・結婚・子育て　など）

✏️ 利用者が該当ページにたどり着く道筋（アクセス経路）に、どんなパターンがあるかを書きましょう。

✏️ 情報アクセスに利用する端末ごとに、現状サイトの課題や留意点を整理して書きましょう。

① PC：

②タブレット：

③スマホ：

＊1　自治体におけるマーケティングの必要性については、コラム04（P.46)にて解説。

＊2　アクセス経路：Webサイトの特定ページに到達するための経路のこと。利用者が、どのような経路でページを閲覧したか、迷わず目的の情報にたどり着けたかなどを解析することにより、Webサイトの使いやすさの向上に役立てることができる。

＊3　メニュー設計については、実践編 Phase II（P.47-60)、コンテンツ設計については、Phase III（P.61-75）にて説明。

従来の手順：自治体視点でのサイト構築

■自治体として伝えたい情報、伝えなければいけないとされている情報を洗い出す

■自治体組織内で管理しやすい切り口で利用者メニューを設計する

今後の手順：利用者視点でのサイト構築

■利用者像を明確にする

利用者の属性、ライフステージ、行政サービスについての知識の程度、情報へのアクセスの仕方などにより、利用者のセグメンテーション[*1]とターゲティング[*2]を行う

■利用者のニーズや課題を洗い出す

アクセス解析や問合せ履歴、インタビューやアンケートなどから、現状サイトの課題や利用者のニーズを整理する

2-2 利用者視点での自治体サイト構築
上記のようなサイト設計の流れは、「ユーザーエクスペリエンス（UX）の設計」とも呼ばれている。

Phase I 作業を始める前に、これだけは決めておこう

■担当者の知識や経験だのみでコンテンツをそれぞれ作成する

デザインが変わって、リニューアル感は出たけど、メニューがどこにあるか、わからなくなった

■利用者視点のサイト設計を行う

利用者のニーズやサイトへのアクセス経路に沿った、メニュー設計やコンテンツ作成を行う

サイトのアクセス数も増えたし、更新管理もスムーズになった!!

＊1　セグメンテーション：不特定多数の人々を、基本属性（性別・年代・居住地域）、価値観（情報やサービスへのニーズ）、行動（過去の利用経験・評価）、意識（認知度、想起する内容）など、共通する特性やニーズによって細かな単位（セグメント）に切り分けること。

＊2　ターゲティング：セグメンテーションによって細分化されたグループの中の、どのグループを標的（ターゲット）とするかを選択すること。

TASK03 実施する作業範囲や制約事項を明確にしよう

プロジェクトの方向性や利用者像について確認ができたら、準備段階最後のタスクとして、作業範囲や制約事項について明確にしましょう。作業範囲には、「新規構築または改修の対象とする範囲」と「情報の収集を行う対象とする媒体の範囲」の2つがありますので、これを分けて説明します。

新規構築・改修の作業対象範囲を明確にしよう

Webサイトのリニューアルであれば、サイトのどの階層部分を対象に作業するか、具体的に範囲を決めます。

このとき、ページ階層が規則性をもって整理されていれば、「第2階層まで」とか、「高齢者・介護関連情報」など、作業範囲を決めやすいのですが、実際には、そう簡単にいかないサイトもあります。たとえば、情報の分類ごとに、階層の数がバラバラであったり、どの階層にも属さないページが多数存在する場合などです。

このようなケースでは、現状のWebサイトの階層に沿って作業対象を決めるよりも、先に理想形のサイト構造を構築し、それに合わせて必要な情報を収集したほうが近道である場合もあります。

この理想形のサイト構造を考えるうえで大いに参考になるのがUMです。

UMを活用した行政サービスメニューの整理手順については、PhaseⅡで詳しく説明します。

情報収集の対象範囲を明確にしよう

自治体のWebサイトには、非常にたくさんの情報が掲載されていますが、現状のサイトが必ずしも利用者にとって必要な情報を網羅しているとは限りません。

Webサイトのほかにも、住民向け冊子や、担当課ごとの個別資料（たとえば、保育案内のリーフレット、ひとり親向けの説明資料）などのほか、事業計画書や業務マニュアルなど、内部資料も含めると膨大な量の情報が存在しています。これらのどこから情報を抜き出すのか、情報を集める対象を見極めることも、準備段階での大切なポイントです。

システム的な制約事項を確認しよう

具体的な作業を実施するうえで、もう1点、文字数や階層の深さなど、メニュー設計やコンテンツ設計にかかわるシステム的な制約事項がないかも忘れずに確認しておきましょう。

Phase I 作業を始める前に、これだけは決めておこう

準備段階 >> 設計段階1 >> 設計段階2 >> 実装段階

TASK03/12 実施する作業範囲や制約事項を明確にする

Work Sheet

新規構築または改修の対象とする、作業範囲を書きましょう。
（例：子育て関連情報の行政サービスページのみと、事業者向けページの届出情報のみ、住民向け情報のページ一覧作成まで　など）

施策情報の収集を行う対象とする、媒体の範囲を書きましょう。
（例：自治体が管理するすべての Web サイト、事業者向けポータルサイト、子育て冊子、広報紙、事業計画書　など）

メニュー設計やコンテンツ設計に関係する、システム的な制約事項を書きましょう。
（例：ページ階層の深さ（数）、コンテンツの文字数制限　など）

43

整理をする範囲や情報収集

すべてのページを整理するには予算が足りないので、今年度はトップページの整理と、「子育て」関連のコンテンツページにフォーカスしてリニューアルしよう！

Webサイトの情報が一番新しいけれど、冊子にしか掲載していない情報も多いので、サイトの「妊娠・出産」「子育て」メニューと「子育て冊子」を対象に情報を収集しよう！

範囲などを明確にしよう！

子育て中のお母さんは、スマホでのアクセスが圧倒的なので、スマホでの表示を特に意識したサイトにしよう！

PCサイト画面の例

スマホサイト画面の例

2-3 様々な端末から閲覧することを意識して制作されたWebサイトの例

UM Columns 04
自治体におけるマーケティングの必要性

　従来は企業独自のテーマとして語られがちであった「マーケティング」ですが、近年は公的機関においても、その必要性が様々なところで叫ばれています。

　自治体にとってもマーケティングは重要な取り組みです。
　たとえば、コトラー（Philip Kotler）は、非営利組織がマーケティングを導入するにあたってのポイントをいくつか示しています。この点について解説している書籍は多くありますが、片山又一郎氏著『コトラー入門』では下記の6点を挙げています。

> ■マーケティング調査：公的機関ほど市場調査などで利用者を知ることに時間を費やすべき。
>
> ■ターゲット利用者の設定：公的機関においてもセグメンテーション（利用者の階層分け）の考え方が鍵。
>
> ■戦略プラン作り：公的機関においてもプランニングが重要。言い換えれば、戦略性が必要。
>
> ■目的の明確化：企業の場合には利益獲得と株主価値の最大化など目的が明確。公的機関の場合にも明確な目標設定と、極力数値化した評価体系が必要。
>
> ■利用者中心志向：公共機関ほど、利用者中心志向を意識することが必要。提供者中心ではいけない。
>
> ■マーケティングミックスの策定：公的機関ほどマーケティングチャネルなど最適なマーケティングミックスを策定することが必要。

　また、P・F・ドラッカーは、その著書『非営利組織の経営』の中で、非営利組織のマーケティングとは、マーケットを知り、マーケットをセグメント（区分）し、サービスの受け手に立って考えることである、と言っています。

　このように、利用者視点での情報発信を考える場合、公的機関においても、民間企業以上にマーケティングの手法や視点を取り入れる必要があります。

Phase Ⅱ
設計段階 1

メニューを集めて整理しよう

　PhaseⅡでは、国や自治体の施策情報をリスト化して整理する、行政サービスメニューの設計・構築手順について解説します。

　この手順に従ってメニュー設計を行うことで、部署間や自治体組織の枠を超えて活用可能なメニュー体系を構築することができます。

　さらにＵＭメニューを活用すれば、行政サービス情報にそれほど詳しくない担当者でも、また、情報構造化について深い知見がなくても、簡単に行政サービスメニューが作成できます。

　この章でやること…

- TASK04　整理の対象となる施策情報を抜き出す
- TASK05　「リスト」を整理・分類して「メニュー」化する
- TASK06　メニューを使いやすく調整する

TASK04 整理の対象となる施策情報を抜き出そう

施策情報をもれなく集めよう

「PhaseⅡ：メニューを集めて整理しよう」で、最初に行うことは、現時点の施策情報をもれなく抜き出してリスト化することです。

ここで集めた「施策情報」が、このあと行うメニュー整理やコンテンツ整理を経て、今回、新規構築や改修を行うサイトコンテンツの基盤となる「行政サービスメニュー」となりますので、整理対象となる情報をもれなく集めることが重要です。

情報の収集源はTASK03で決めた媒体です。複数媒体から情報を集める場合も、まずは、最も新しい情報が集約されていると思われる、Webサイトから、作業を始めましょう。たとえば、住民向け情報であれば、「ライフイベント[*1]」の各分野（カテゴリ）ごとに、ページ階層に沿って抜き出しを行います。

いざ作業を始めてみるとカテゴリによっては、必要な施策情報が明らかに足りていないとか、施策情報の見出しはあったけれどWebサイトのページに何も書いていない、といったことがあるかもしれません。そのような場合には、Webサイトの担当課別ページから施策情報を抜き出したり、住民向け冊子や担当課ごとに発行するリーフレットなどの紙媒体を新たな作業の対象として加えるといいでしょう。

このほか、担当課ごとの事業計画書も参考になります。事業計画書には、各課で行う事業・施策が網羅されているため、Webサイトや紙媒体に掲載されていない内容も見つけることができます。

表の形式を決めてリスト化しよう

ここで抜き出した情報は、最終的には単一のリストに集約しますが、まずは媒体ごとに、どの階層でリストにひろうのか、見出しやパンくずリスト[*2]はどのレベルまでひろうのか、などを揃えるために、施策情報を抜き出すための表の形式を決めてから作業を始めます。

この作業のポイントは、施策情報の中身についてあまり考えすぎないことです。

現状のサイトでは、カテゴリごとにページ階層のレベル感が異なっていたり、複数の施策情報が1ページの中に埋もれていたり、といったこともあるかと思いますが、この段階では現状の見出しや階層が正しいのかなどは気にせず、いったん決めた表の形式に沿って、掲載されているすべての施策情報をもらさず抜き出す作業に専念しましょう。

また、施策情報の中には、助成金や届出など制度や手続きに関するものだけでなく、イベント情報や市政情報など、一時的なお知らせなどが混ざっていることもあると思います。こうした、一時的・

Phase II メニューを集めて整理しよう

準備段階 >> **設計段階1** >> 設計段階2 >> 実装段階

TASK 04/12 整理の対象となる施策情報を抜き出す

Check Sheet

☐ **施策情報を抜き出す対象となる媒体の過不足を確認しましょう。**
作業を進める中で、TASK03（P.42）で確認した媒体の範囲では情報が充分でない場合は、冊子やリーフレットなども加えて情報を収集しましょう。

☐ **施策情報をリスト化するための表の設計をしましょう。**
表には、ページタイトルや出典だけでなく、情報が掲載されているページの階層がわかるように、「分類1」「分類2」「分類3」と、項目を分けて入れることが重要です。

☐ **媒体ごとのリストに、施策情報を記入していきましょう。**
この作業では、掲載情報をもらさず抜き出すために、施策情報の中身はあまり気にせず、抜き出す作業に専念しましょう。

流動的な情報のことを「フロー情報」といい、制度や手続きの説明など、恒常的・固定的な情報のことを「ストック情報」といいます[*3]。

この段階では、情報の中身を詳しく見る必要はありませんが、最終的にコンテンツを作成する際には、フロー情報とストック情報を区別する必要があります。「お知らせ」という見出しなどにより、明確にフロー情報であることがわかる場合には、抜き出した情報に目印をつけておくと、後の整理に役立ちます。

複数の媒体から抜き出しを行う場合には、最終的にはすべての情報を一つのリストに統合するので、表の形式がそろっていると、比較などがしやすくなり、あとで行うリストの統合やメニュー整理の作業が楽に行えます。

[*1] ライフイベント：人が生まれてから亡くなるまでの一生の間に起こる主な出来事（イベント）を指した言葉。UM では「妊娠・出産」「子育て」「学校教育」「結婚・離婚」「引越し・住まい」「就職・退職」「高齢者・介護」「ご不幸（死亡）」の 8 種類をライフイベントとしている。

[*2] パンくずリスト：ユーザーが閲覧している Web ページが、Web サイト上のどこに位置しているかを視覚的に示すため、Web ページのリンクを階層順に並べたリストのこと。

[*3] 「フロー情報」「ストック情報」についてはコラム 07（P.83）も参照。

Web サイト

分類1	分類2	分類3	タイトル	出典（Web サイト URL）
届出・証明・税金	赤ちゃんができたら	届出・証明	妊娠したら妊娠届を提出してください	https://xxxxx.jp/yyyyyyyy/zzzzz/
届出・証明・税金		住民票関係の届出	出生届	https://xxxxx.jp/yyyyyyyy/aaaaa/
妊娠		母子保健	妊婦健康診査	https://xxxxx.jp/yyyyyyyy/bbbbb/
妊娠	赤ちゃんができたら	手当・助成	出産祝い	https://xxxxx.jp/yyyyyyyy/ccccc/
出産	子どもの健康	医療・給付	先天性代謝異常等検査	https://xxxxx.jp/yyyyyyyy/ddddd/
出産	子どもの健康	健康診査	3か月児健康診査	https://xxxxx.jp/yyyyyyyy/eeeee/
子育て支援	予防接種	医療・給付	定期予防接種	https://xxxxx.jp/yyyyyyyy/fffff/
子育て支援	予防接種	医療・給付	任意予防接種	https://xxxxx.jp/yyyyyyyy/ggggg/
子育て支援		医療・給付	乳幼児医療費の助成（子ども医療費）	https://xxxxx.jp/yyyyyyyy/hhhhh/
子育て支援	手当・助成		児童手当	https://xxxxx.jp/yyyyyyyy/iiiii/
子育て支援	手当・助成		幼児2人同乗自転車購入費の一部助成	https://xxxxx.jp/yyyyyyyy/jjjjj/

冊子

分類1	分類2	分類3	タイトル	出典（冊子掲載頁）
子ども	健康		1歳6か月児健康診査	P.10
子ども	健康		3歳児健康診査	P.12
子ども	予防接種		定期予防接種	P.20
子育て			子ども医療費	P.24
子育て			児童手当	P.31
子育て			ベビーシッターの費用の助成	P.40
保育園・幼稚園	保育園		教育・保育施設、地域型保育の保育料の減免	P.55
保育園・幼稚園	幼稚園		幼稚園就園奨励費	P.57
助成			幼児2人同乗自転車購入費の一部助成	P.60

リーフレット

分類1	分類2	分類3	タイトル	出典（リーフレット掲載号）
子ども・子育て支援新制度			支給認定	第1号
子ども・子育て支援新制度			小規模保育	第2号
子ども・子育て支援新制度			保育料の多子減免	第3号

2-4 施策情報リスト化のイメージ
表の形式を揃えて媒体ごとに施策情報を抜き出したリストと、それを1つに統合したリスト。

PhaseⅡ メニューを集めて整理しよう

1つのリストに統合

分類1	分類2	分類3	タイトル	出典 （Webサイト URL）	出典 （冊子掲載頁）	出典 （リーフレット掲載号）
届出・証明・税金	赤ちゃんができたら	届出・証明	妊娠したら妊娠届を提出してください	https://xxxxx.jp/yyyyyyyy/zzzzz/		
届出・証明・税金		住民票関係の届出	出生届	https://xxxxx.jp/yyyyyyyy/aaaaa/		
妊娠		母子保健	妊婦健康診査	https://xxxxx.jp/yyyyyyyy/bbbbb/		
妊娠	赤ちゃんができたら	手当・助成	出産祝い	https://xxxxx.jp/yyyyyyyy/ccccc/		
出産	子どもの健康	医療・給付	先天性代謝異常等検査	https://xxxxx.jp/yyyyyyyy/ddddd/		
出産	子どもの健康	健康診査	3か月児健康診査	https://xxxxx.jp/yyyyyyyy/eeeee/		
子育て支援	予防接種	医療・給付	定期予防接種	https://xxxxx.jp/yyyyyyyy/fffff/		
子育て支援	予防接種	医療・給付	任意予防接種	https://xxxxx.jp/yyyyyyyy/ggggg/		
子育て支援		医療・給付	乳幼児医療費の助成(子ども医療費)	https://xxxxx.jp/yyyyyyyy/hhhhh/		
子育て支援	手当・助成		児童手当	https://xxxxx.jp/yyyyyyyy/iiiii/		
子育て支援	手当・助成		幼児2人同乗自転車購入費の一部助成	https://xxxxx.jp/yyyyyyyy/jjjjj/		
子ども	健康		1歳6か月児健康診査		P.10	
子ども	健康		3歳児健康診査		P.12	
子ども	予防接種		定期予防接種		P.20	
子育て			子ども医療費		P.24	
子育て			児童手当		P.31	
子育て			ベビーシッターの費用の助成		P.40	
保育園・幼稚園	保育園		教育・保育施設、地域型保育の保育料の減免		P.55	
保育園・幼稚園	幼稚園		幼稚園就園奨励費		P.57	
助成			幼児2人同乗自転車購入費の一部助成		P.60	
子ども・子育て支援新制度			支給認定			第1号
子ども・子育て支援新制度			小規模保育			第2号
子ども・子育て支援新制度			保育料の多子減免			第3号

TASK05 「リスト」を整理・分類して「メニュー」化しよう

整理すべき施策情報のリストが完成したら、いよいよメニューとしての整理を始めます。

TASK04で作成したリストは、統一した表の形式に沿って、施策情報を媒体ごとに単純に抜き出して一覧化し、それを一つに統合したものです。そのため、この時点では、媒体ごとに情報整理のルールが異なる状態のままです。

ここで行う作業のゴールは、現状のリストについて、きちんと情報を整理・分類された状態にすることです。UMではこれを「メニュー」化すると呼んでいます。

情報を整理・分類するとは、リストに含まれている施策情報について、一定のルールのもとにグルーピングを行い、階層化し、階層化した各グループに名前をつけることで、メニューとして整理していく作業のことです。具体的には次の手順で進めていきます。

施策情報を分類して階層化しよう

リストに含まれている施策情報について、「子育て」「結婚」などのライフステージや、「届出」「助成金」など施策の種類によって、まずグループ分けをしましょう。その際、1グループ内の施策数が多くなりすぎないように、グループを複数のグループに分けていきます。たとえばUMでは、グループ内の施策情報が9つを超えたら、グループを2つに分けることを考えます。

さらに、グループ間の階層化も行います。階層化とは、グループに上下関係をつけることです。たとえばUMでは、一番大きいグループを大階層として、中階層、小階層と3段階の上下関係で階層化しています。具体的には、子育て支援など、行政サービスの分野を「大階層」として、さらに金銭的支援、相談・問合せ等の施策の種類を「中階層」、そして、乳幼児向け、妊産婦向け等、施策の対象者を「小階層」とするなど、一定のルールを決めて階層化を進めます。

階層化したグループに名前をつけよう

施策情報を適度な数にグルーピングし、さらに階層化したら、次は各グループの名前付け（ラベル付け）です。大階層、中階層、小階層それぞれに対して、グループ名（ラベル）をつけましょう。

UMでは、各グループの名前（ラベル）は、各自治体の広報戦略や、個々の媒体、サイト全体のトーンなどによって、個別に設計を行うべきと考えています。

ラベル付けを行う際のポイントは、「同じ内容のグループは、できるだけ同じ文言を使用する」ということです。たとえば、あるグループでは「金銭的支援」とし、別のグループでは「助成金・給付」とラベル付けされていると、利用者には異なる内容であると認識されてしまうおそれ

Phase Ⅱ メニューを集めて整理しよう

準備段階 >> **設計段階1** >> 設計段階2 >> 実装段階

TASK**05**/12 「リスト」を整理・分類して「メニュー」化する

Check Sheet

☐ **施策情報をグルーピングしましょう。**
1グループ内の施策数が増えると探しにくくなるため、9つ以内を目安にグルーピングします。それを超える場合は、別のグループに分けることを考えましょう。

☐ **グループ間の階層化をしましょう。**
サイト全体の設計思想に従い、一番大きいグループから順に、大階層・中階層・小階層と、3段階程度設定しましょう。

☐ **グループに名前（ラベル）をつけましょう。**
グルーピングしたら、グループに名前をつけます。その際、グループごとに、どのような情報が分類されるのかの定義を明記し、同じ内容のグループには同じ文言を使うようにします。
（例：資料編 P.94-97 のどの「カテゴリ」においても、助成金や給付金に関する項目名は「金銭的支援」としている　など）

があります。

　こうしたことを防ぐためにも、どのグループにどのような情報が分類されるかをきちんと定義することで、新しい施策情報を追加する際や、グルーピングやラベル付けを見直す必要が出てきた際の作業をスムーズにすることができます。

リストを再整理してメニュー化しよう

　最後に、階層化したグループを並べ替えて、リストを再整理します。並べ替えをする際、類似したグループがあれば統合し、同じラベルをつけることでリストの再整理が進みます。

　ここまでの手順によってようやく、情報が整理・分類された「メニュー」ができあがります。

　次のTASK06では、できあがったメニューの各階層内での並べ替えなど、さらにメニューをわかりやすくする最終調整について説明します。

分類1	分類2	分類3	タイトル	出典 (Webサイト URL)	出典 (冊子掲載頁)	出典 (リーフレット掲載号)
届出・証明・税金	赤ちゃんができたら	届出・証明	妊娠したら妊娠届を提出してください	https://xxxxx.jp/yyyyyyyy/zzzzz/		
届出・証明・税金		住民票関係の届出	出生届	https://xxxxx.jp/yyyyyyyy/aaaaa/		
妊娠		母子保健	妊婦健康診査	https://xxxxx.jp/yyyyyyyy/bbbbb/		
妊娠	赤ちゃんができたら	手当・助成	出産祝い	https://xxxxx.jp/yyyyyyyy/ccccc/		
出産	子どもの健康	医療・給付	先天性代謝異常等検査	https://xxxxx.jp/yyyyyyyy/ddddd/		
出産	子どもの健康	健康診査	3か月児健康診査	https://xxxxx.jp/yyyyyyyy/eeeee/		
子育て支援	予防接種	医療・給付	定期予防接種	https://xxxxx.jp/yyyyyyyy/fffff/		
子育て支援	予防接種	医療・給付	任意予防接種	https://xxxxx.jp/yyyyyyyy/ggggg/		
子育て支援		医療・給付	乳幼児医療費の助成(子ども医療費)	https://xxxxx.jp/yyyyyyyy/hhhhh/		
子育て支援	手当・助成		児童手当	https://xxxxx.jp/yyyyyyyy/iiiii/		
子育て支援	手当・助成		幼児2人同乗自転車購入費の一部助成	https://xxxxx.jp/yyyyyyyy/jjjjj/		
子ども	健康		1歳6か月児健康診査		P.10	
子ども	健康		3歳児健康診査		P.12	
子ども	予防接種		定期予防接種		P.20	
子育て			子ども医療費		P.24	
子育て			児童手当		P.31	
子育て			ベビーシッターの費用の助成		P.40	
保育園・幼稚園	保育園		教育・保育施設、地域型保育の保育料の減免		P.55	
保育園・幼稚園	幼稚園		幼稚園就園奨励費		P.57	
助成			幼児2人同乗自転車購入費の一部助成		P.60	
子ども・子育て支援新制度			支給認定			第1号
子ども・子育て支援新制度			小規模保育			第2号
子ども・子育て支援新制度			保育料の多子減免			第3号

2-5 整理・分類前の施策情報リストの例

Phase Ⅱ メニューを集めて整理しよう

行政サービスメニュー			出典 （Web サイト URL）	出典 （冊子掲載頁）	出典 （リーフレット掲載号）
妊娠・出産					
	届出・手続き				
		出産時の届出			
		1　出生届	https://xxxxx.jp/yyyyyyyy/aaaaa/		
		妊娠時の届出			
		2　妊娠したら妊娠届を提出してください	https://xxxxx.jp/yyyyyyyy/zzzzz/		
	金銭的支援				
		3　出産祝い	https://xxxxx.jp/yyyyyyyy/ccccc/		
	健診・予防接種				
		お母さんの健康診査			
		4　妊婦健康診査	https://xxxxx.jp/yyyyyyyy/bbbbb/		
		赤ちゃんの健康診査			
		5　先天性代謝異常等検査	https://xxxxx.jp/yyyyyyyy/ddddd/		
		6　3 か月児健康診査	https://xxxxx.jp/yyyyyyyy/eeeee/		
子育て					
	健診・予防接種				
		乳幼児期の予防接種			
		7　定期予防接種	https://xxxxx.jp/yyyyyyyy/fffff/	P.20	
		8　任意予防接種	https://xxxxx.jp/yyyyyyyy/ggggg/		
		赤ちゃんの健康診査			
		9　1 歳 6 か月児健康診査		P.10	
		10　3 歳児健康診査		P.12	
	金銭的支援				
		11　乳幼児医療費の助成 (子ども医療費)	https://xxxxx.jp/yyyyyyyy/hhhhh/	P.24	
		12　児童手当	https://xxxxx.jp/yyyyyyyy/iiiii/	P.31	
		13　幼児 2 人同乗自転車購入費の一部助成	https://xxxxx.jp/yyyyyyyy/jjjjj/	P.60	
		14　ベビーシッターの費用の助成		P.40	
	教育・保育サービス				
		15　教育・保育施設、地域型保育の保育料の減免		P.55	
		16　幼稚園就園奨励費		P.57	
		17　支給認定			第 1 号
		18　小規模保育			第 2 号
		19　保育料の多子減免			第 3 号

2-6 施策情報を整理・分類したリストの例
　　施策情報をグルーピング・階層化し、ラベル付けしたリストのことを「行政サービスメニュー」と呼ぶ。

TASK06 メニューを使いやすく調整しよう

　TASK05でグルーピング・階層化し、ラベル付けをしたメニューを作成しました。このメニューに対して、さらにメニュー全体の並び順の調整や、複数のグループに同じ行政サービスを配置する工夫をすることで、利用者にとって、よりわかりやすく、使いやすいものにすることができます。

メニューの並び順を考えよう

　メニューの並び順は、検索性に大きく関係する要素です。

　たとえばUMでは、「妊娠・出産」に分類された行政サービスを、「届出⇒健康⇒金銭的支援」など、妊娠後に行う手続きの流れ、利用者の興味に沿った流れで並べています。このように「時系列」を意識した並べ方のほか、「利用頻度」、「重要度」や、「ヒト・モノ・カネ」など慣用的な流れに沿った順番が考えられます。

　大切なことは、利用者がメニュー全体を把握しやすく、また、目的とする行政サービスを探しやすくするために、何らかの「規則性」を持たせることです。

P（親）とC（子）の設定をしよう

　ここで、改めてメニュー全体を眺めてみましょう。規則性を持って並べ替えられた状態で見ることで、気づくことがあるでしょう。

　よくあるのは、同じ施策情報や似たような施策情報が、複数のグループおよび階層にまたがって入っているなどです。このような場合、本来あるべきグループに統廃合を行うことが原則ですが、内容によっては、複数のグループに深く関係するものもあり、統廃合を行わないほうがよい場合があります。たとえば、「児童手当」は「子育て」する人を対象とする行政サービスであると同時に、「出産」直後に手続きを行う行政サービスです。「出生届」もまた、「出産」直後に手続きを行うものであると同時に、「戸籍」に関する手続きでもあります。

　Webサイトの場合、特定の情報ページにたどり着くための入り口は1つでなくてもかまいません。「探しやすさ」を実現するために、複数の入り口を用意することがWebサイトでは可能です。そのためには、メニュー上で、複数のグループに該当する行政サービスを重複して持つ必要があります。

　一方、Webサイト上でページそのものを複数のグループ内でそれぞれ持ってしまうと、内容の更新があった際など、管理の手間が増えてしまいます。この課題を解決するために、UMでは「Parent（親）」と「Child（子）」という概念を持っています。その行政サービスが主として属するグループおよび階層を「P」、それ以外を「C」と設定するという考え方で

Phase Ⅱ メニューを集めて整理しよう

準備段階　>>　**設計段階1**　>>　設計段階2　>>　実装段階

TASK **06**/12 メニューを使いやすく調整する

Check Sheet

グループ同士や、グループ内メニューの並び順を調整しましょう。
グループ間・グループ内ともに、並び順は検索性に大きく関係します。「時系列」「利用頻度」「重要度」など、利用者がメニュー全体を把握しやすく、目的とする情報を探しやすくするために、規則性をもたせて並べ替えます。

☐ グループ同士の並び順を調整しましょう。

☐ グループ内メニューの並び順を調整しましょう。

☐ 1つの行政サービスを複数のグループに入れたい場合は、「P（親）」と「C（子）」の設定をします。
「P」は、その行政サービスが本来属するべきグループや、施策（事業）の担当課とします。

す。たとえば、前述の「児童手当」は子育てを支援する行政サービスのため、「子育て」を「P」とし、「妊娠・出産」を「C」としています。これは、Webサイト上では、ページそのものは「子育て」配下に作成し、「妊娠・出産」からはリンク設定するという設計になります。

UMでは本来属すべきグループを「P」としていますが、利用しているCMS（Contents Management System）の機能によっては、ページのひも付けをメニュー上のグループ単位ではなく、担当課にしなければならないこともあります。そのような場合は、自治体組織内の事情に合わせて、担当課を「P」として、その他のグループを「C」として設定してもかまいません。「出生届」を例にすると、担当課である市民課を「P」とし、「妊娠・出産」を「C」とする、という具合です。

このように、PとCの定義は、担当課だけでなく、サイトの管理・運営にかかわる関連部署とも事前によく協議し、方針について共有しておくことが必要です。

行政サービスメニュー				出典 （Web サイト URL）	出典 （冊子掲載頁）	出典 （リーフレット掲載号）
妊娠・出産						
	届出・手続き					
		出産時の届出				
			1	出生届	https://xxxxx.jp/yyyyyyyy/aaaaa/		
		妊娠時の届出				
			2	妊娠したら妊娠届を提出してください	https://xxxxx.jp/yyyyyyyy/zzzzz/		
	金銭的支援					
			3	出産祝い	https://xxxxx.jp/yyyyyyyy/ccccc/		
	健診・予防接種					
		お母さんの健康診査				
			4	妊婦健康診査	https://xxxxx.jp/yyyyyyyy/bbbbb/		
		赤ちゃんの健康診査				
			5	先天性代謝異常等検査	https://xxxxx.jp/yyyyyyyy/ddddd/		
			6	3 か月児健康診査	https://xxxxx.jp/yyyyyyyy/eeeee/		
子育て						
	健診・予防接種					
		乳幼児期の予防接種				
			7	定期予防接種	https://xxxxx.jp/yyyyyyyy/fffff/	P.20	
			8	任意予防接種	https://xxxxx.jp/yyyyyyyy/ggggg/		
		赤ちゃんの健康診査				
			9	1 歳 6 か月児健康診査		P.10	
			10	3 歳児健康診査		P.12	
	金銭的支援					
			11	乳幼児医療費の助成 (子ども医療費)	https://xxxxx.jp/yyyyyyyy/hhhhh/	P.24	
			12	児童手当	https://xxxxx.jp/yyyyyyyy/iiiii/	P.31	
			13	幼児 2 人同乗自転車購入費の一部助成	https://xxxxx.jp/yyyyyyyy/jjjjj/	P.60	
			14	ベビーシッターの費用の助成		P.40	
	教育・保育サービス					
			15	教育・保育施設、地域型保育の保育料の減免		P.55	
			16	幼稚園就園奨励費		P.57	
			17	支給認定			第 1 号
			18	小規模保育			第 2 号
			19	保育料の多子減免			第 3 号

2-7 メニューの並び順を調整する前のリストの例

58

PhaseⅡ メニューを集めて整理しよう

行政サービスメニュー			出典 (Web サイト URL)	出典 (冊子掲載頁)	出典 (リーフレット掲載号)	P / C
妊娠・出産						
	届出・手続き					
		妊娠時の届出				
		2 妊娠したら妊娠届を提出してください	https://xxxxx.jp/yyyyyyyy/zzzzz/			P
		出産時の届出				
		1 出生届	https://xxxxx.jp/yyyyyyyy/aaaaa/			P
	健診・予防接種					
		お母さんの健康診査				
		4 妊婦健康診査	https://xxxxx.jp/yyyyyyyy/bbbbb/			P
		赤ちゃんの健康診査				
		5 先天性代謝異常等検査	https://xxxxx.jp/yyyyyyyy/ddddd/			P
		6 3か月児健康診査	https://xxxxx.jp/yyyyyyyy/eeeee/			C
		9 1歳6か月児健康診査		P.10		C
		10 3歳児健康診査		P.12		C
		乳幼児期の予防接種				
		7 定期予防接種	https://xxxxx.jp/yyyyyyyy/fffff/	P.20		C
		8 任意予防接種	https://xxxxx.jp/yyyyyyyy/ggggg/			C
	金銭的支援					
		妊娠・出産に関する金銭的支援				
		3 出産祝い	https://xxxxx.jp/yyyyyyyy/ccccc/			P
		育児に関する金銭的支援				
		11 乳幼児医療費の助成(子ども医療費)	https://xxxxx.jp/yyyyyyyy/hhhhh/	P.24		C
		12 児童手当	https://xxxxx.jp/yyyyyyyy/iiiii/	P.31		C
		13 幼児2人同乗自転車購入費の一部助成	https://xxxxx.jp/yyyyyyyy/jjjjj/	P.60		C
		14 ベビーシッターの費用の助成		P.40		C
子育て						
	健診・予防接種					
		赤ちゃんの健康診査				
		6 3か月児健康診査	https://xxxxx.jp/yyyyyyyy/eeeee/			P
		9 1歳6か月児健康診査		P.10		P
		10 3歳児健康診査		P.12		P
		乳幼児期の予防接種				
		7 定期予防接種	https://xxxxx.jp/yyyyyyyy/fffff/	P.20		P
		8 任意予防接種	https://xxxxx.jp/yyyyyyyy/ggggg/			P
	金銭的支援					
		11 乳幼児医療費の助成(子ども医療費)	https://xxxxx.jp/yyyyyyyy/hhhhh/	P.24		P
		12 児童手当	https://xxxxx.jp/yyyyyyyy/iiiii/	P.31		P
		13 幼児2人同乗自転車購入費の一部助成	https://xxxxx.jp/yyyyyyyy/jjjjj/	P.60		P
		14 ベビーシッターの費用の助成		P.40		P
	教育・保育サービス					
		17 支給認定			第1号	P
		15 教育・保育施設、地域型保育の保育料の減免		P.55		P
		19 保育料の多子減免			第3号	P
		16 幼稚園就園奨励費		P.57		P
		18 小規模保育			第2号	P

2-8 メニューの並び順を使いやすく調整したリストの例
　　メニューの並び順を、時系列や利用頻度など規則性を持たせて並べ替える(a → a')とともに、1つの行政サービスを、関連する複数のグループに重複して配置することをP(親)とC(子)で表現(b)。

UM Columns 05

UMメニューの活用：行政サービスの抜き出しを確実かつ効率的に

　UMメニューは各自治体が行うことになっている施策、本来、自治体サイトに掲載されているはずの行政サービス（施策情報）の標準的なメニュー体系です。そのため、行政サービスメニューとしての網羅性チェックに最適なツールとして活用できます。

　これまで、UMを活用した自治体サイトの改修や『UMカバレッジ診断』[1]などに携わってきた経験では、多くの自治体でだいたい、2割から3割は施策情報の抜けもれがありました。

　どこかに抜けもれがあることがわかっていても、一から独自に情報の整理・分類のルールを策定して、実際に抜けもれチェックを行うには、たいへんな労力を伴うため、簡単に改善することができません。

　そこで、UMメニューを「チェックリスト」と位置づけて活用すると、とても便利です。行政サービス情報の抜けもれや重複の洗い出し、階層のレベル感の整理・統一が自然にでき、さらに、自治体独自の行政サービスを付け加えていくと、より効率的かつ確実に必要な情報を集めることができるでしょう。

　ところで、UMメニューは全国的に行われている標準的な行政サービスを整理・分類、メニュー化したものではありますが、行政サービスメニューやカテゴリ構造を規格化・一元化しようというものではありません。UMメニューは、国・自治体において利用できる行政サービスを、自治体独自の行政サービスも含めて、できる限り広く網羅する、という思想がその根幹です。つまり、全国共通の分類・サービス名であるかどうかは、本質的な問題ではないのです。

　UMメニューを元に抜けもれチェックを行い、自治体独自の行政サービスが加わってできあがった行政サービスメニューのグルーピングやその名称は、必ずしもUMメニューどおりでなければいけないというものではありません。自治体の特性や実態にあわせて、最終的にWebサイトでどう表示させたいのかという視点で構造や名称、並び順を見直すと、より適切な行政サービスメニューが完成します。

　このように、UMメニューの「カテゴリ」[2]に自治体の行政サービス情報を振り分けていくことで、情報の抜けもれだけでなく、自治体が独自に行う行政サービスも含めて一足飛びにUM化の基盤情報であるメニューを作成することができます。

---

[1] UMカバレッジ診断：UMメニューをもとに、自治体Webサイトのコンテンツの充実度を定量的に評価するもの。

[2] 「UMカテゴリ」については、UM用語集（P.87）参照。

Phase Ⅲ
設計段階 2

コンテンツを整理して、わかりやすくまとめよう

　PhaseⅢでは、行政サービスごとに、その行政サービスの中身（コンテンツ）を項目化（構造化）します。これを、UMではコンテンツ設計と呼んでいます。

　UM開発の手順に従ってコンテンツ設計を行うことで、利用者にとってわかりやすく、検索性に優れた、機械可読な行政サービスコンテンツを構築することができます。

　さらに、UMテンプレートを使用すれば、行政サービス情報にそれほど詳しくない担当者でも、また、情報構造化について深い知見がなくても、簡単に行政サービスコンテンツを作成することができます。

　この章でやること…

TASK07	コンテンツの雛形と例文を作成する
TASK08	コンテンツの雛形に沿って文章を作成する
TASK09	絞り込み検索の切り口（分類軸）の設計とタグ付けをする

TASK07 コンテンツの雛形と例文を作成しよう

わかりやすいコンテンツ作成のために

いよいよコンテンツの作成に入ります。

いきなり頭から書き始めてもよいのですが、一工夫することで作成の手間を減らすとともに、利用者にとってわかりやすいコンテンツを作成できるようになります。一工夫とは、最初にコンテンツの雛形を作成することです。

一口にコンテンツといっても、利用者に伝えたい情報の種類によって、掲載する必要のある内容が異なります。

たとえば、「出生届」など、書類を届け出る手続きについての説明では、「誰が届出するのか」「いつまでに届出する必要があるのか」といった内容が必要です。また、「児童手当」などのお金をもらえる行政サービスについての説明では、「いくらもらえるのか」「もらうための条件は何か」「もらうためにどういう手続きが必要なのか」といった内容が必要です。

このような、コンテンツが持つ特徴によって、内容をどのような項目に分け、どの順番で説明するとよいのかということを、UM では 6 つの「コンテンツパターン*1」として整理しています。

コンテンツパターンとは？

「コンテンツパターン」は情報の種類によって類型化した、コンテンツの雛形です。たとえば、「届出系」の情報であれば、「概要」や「届出できる人」、「届出期日」というように掲載する必要のある要素を抜き出し、項目（コンテンツアイテム*1）として設定しています。

コンテンツを作成する際に、「コンテンツパターン」を雛形として利用することで、掲載しなければいけない項目をもれなく記載することができます。そのため、コンテンツの作成者が複数いたり、担当課ごとに別のコンテンツを作成したりする場合でも、必要な情報の記載もれを防ぐことができます。

また、UM の「コンテンツパターン」では、コンテンツアイテムの並び順についても規定しており、たとえば、「概要」はどのパターンでも一番上にあるというように、コンテンツパターンが異なっていても、説明する順番については原則として同じ順番になるように設計されています。

そのため、担当課ごとにコンテンツを作成する場合でも、コンテンツパターンを活用すれば Web サイト全体で項目順が一定になり、利用者が知りたい情報を探しやすくなります。

さらに、作成者が複数いる場合には、コンテンツごとに、項目に記載する内容や、「です。」「である。」など文章の書き方や、文章量などにばらつきがでる可能性があります。これを防ぐには、コンテンツパターンごとに、コンテンツアイテ

Phase Ⅲ コンテンツを整理して、わかりやすくまとめよう

準備段階　>>　設計段階1　>>　**設計段階2**　>>　実装段階

TASK**07**/12 コンテンツの雛形と例文を作成する

Check Sheet

☐ **情報の種類（類型）ごとにコンテンツパターンを設計しましょう。**
行政サービス情報の種類によって、説明に必要な項目（コンテンツアイテム）が異なります。情報の種類ごとに、どのような項目が必要か、また、どの順番で説明していくかを、いくつかのパターンとして設定しましょう。

☐ **個々の行政サービス情報を、どのコンテンツパターンで作成するかを設定しましょう。**
コンテンツパターンは、行政サービスの分野（カテゴリ）ごとではなく、「届出」「助成金」「施設」など、情報の種類ごとに同じパターンを設定します。

☐ **コンテンツパターンごとに、例文を作成しましょう。**
複数の担当者でコンテンツを作成する場合など、内容や書きぶりにばらつきが出ないよう、コンテンツパターンごとに、それぞれの項目（コンテンツアイテム）に記載すべき内容の例文を用意した、原稿の雛形を作成しましょう。

ムーつひとつについて例文を記載した原稿の雛形を用意すると効果的です。
　この例文入りの雛形を保持・共有しておくと、将来的に、新しい情報をコンテンツとして作成する際にも役立ちます。

＊1　「コンテンツパターン」「コンテンツアイテム」については、入門編 第2章-03（P.16）にて解説。

63

コンテンツパターン

1	届出系
1	制度名
2	概要・内容
3	対象者
4	・届出できる人 ・届出方法 ・届出期日 ・届出窓口
5	**手数料**
6	・持ち物 ・届出書類 ・記入例
7	お問合せ

2	金銭的支援（申請系）
1	制度名
2	概要・内容
3	支給内容
4	対象者
5	・申請できる人 ・申請方法 ・申請期日 ・申請窓口
6	・持ち物 ・申請書類 ・記入例
7	お問合せ

3	その他申込（申請系）
1	制度名
2	概要・内容
3	実施場所・定員
4	対象者
5	利用料（費用）
6	・申請できる人 ・申請方法 ・申請期日 ・申請窓口
7	・持ち物 ・申請書類 ・記入例
8	お問合せ

コンテンツアイテム（項目）

コンテンツアイテム「手数料」の例文の例

手数料

手続きに必要な手数料を記載します。

※複数の場合は例4）のように、箇条書きで記載します。

例1）手数料はかかりません。

例2）1件につき、▲円が必要です。

例3）手数料については担当窓口までお問い合わせください。

例4）1. ▲▲の場合は▲円
　　　 2. ▲▲の場合は▲円

2-9 コンテンツパターンの設計例[*1]

コンテンツパターンが異なっていても、コンテンツアイテムの並び順は同じようになっています。さらに、コンテンツパターンごとに、コンテンツアイテム一つひとつについて例文を用意すると、複数人で作成する場合など、書きぶりのばらつきを防ぐことができる。

4	イベント（申請系）
1	制度名
2	概要・内容
3	実施場所・定員
4	実施期間
5	対象者
6	利用料（費用）
7	・申請できる人 ・申請方法 ・申請期日 ・申請窓口
8	・持ち物 ・申請書類 ・記入例
9	お問合せ

5	施設系
1	制度名
2	概要・内容
3	アクセス
4	対象者
5	利用料金
6	利用時間・休日
7	利用方法
8	・申請できる人 ・申請方法 ・申請期日 ・申請窓口
9	・持ち物 ・申請書類 ・記入例
10	お問合せ

6	情報啓発系
1	制度名
2	（内容①）
3	（内容②）
	⋮
n	お問合せ

コンテンツアイテム「申請方法」の例文の例

申請方法

窓口に出向く必要があるのか、郵送でも可能なのか、オンラインでの申請も可能なのか、など、申請をする場合に利用できる方法を記載します。
※申請が不要の場合は削除可能な項目です。

例1）必要書類をお持ちになり、担当窓口に直接申請してください。
例2）必要書類を同封いただき、担当窓口にご郵送ください。
例3）詳しくは担当窓口へお問い合わせください。

＊1　上記は、市民向けサイト用のシンプルな説明文を記述するためのコンテンツパターン設計例。UMの「コンテンツパターン一覧」は、資料編 P.116 を参照

TASK08 コンテンツの雛形に沿って文章を作成しよう

コンテンツを作成しよう

コンテンツの雛形を用意したら、いよいよ具体的なコンテンツの作成に取りかかります。UMでいうコンテンツとは、PhaseⅡで作成したメニューの各行政サービスの説明文を、概要や対象者などのコンテンツアイテムにもれなく振り分けたものです。

この作業では、元の施策情報の中にある説明文を、コンテンツアイテムごとにいったん分解し、コンテンツパターンに合わせて並べ替えるため、説明の順番として意味が通じなくなる箇所が出てくることに注意してください。たとえば、「上記のいずれか〜」と書かれた箇所があるならば、その「上記」が指すものが下に移動していた、という例もよく見受けられるパターンです。

また、使用する文言が利用者視点でわかりやすいものになっているかについても、意識する必要があります。行政機関で当たり前のように使用される専門用語や法律用語などは、住民にはなじみがないということを意識しましょう。

もし、平易な言葉に置き換えることで、文脈上ミスリードを引き起こすおそれがあるとか、文章が非常に長くなってしまうなどの不都合が考えられる場合には、専門用語や法律用語などをそのまま使用する代わりに、文末に用語の解説を入れるなど配慮することで、わかりやすさの度合いがアップします。

このコンテンツ作成に活用できるのが、UMテンプレートです。UMテンプレートは、国や自治体が提供している行政サービスそれぞれについて、コンテンツパターンに沿ってコンテンツアイテムごとの具体的な説明文の例が記載されています（P.64・図2-9参照）。ここでは、できるだけ過不足なく、利用者視点でわかりやすく説明した文章が雛形として用意されています。

行政サービスについて、新しくコンテンツを作成する場合、UMテンプレートを活用すれば、必要な情報を効率よく、もれなく、わかりやすく記述することができます。

メニューの修正も忘れずに

コンテンツの作成をする段階になってようやく、メニュー化した各行政サービスの説明文（概要や対象者など）を読み込むことになります。その際、メニュー化の時点では気づかなかった点に気づくことがあります。

たとえば、Webサイトと冊子とでタイトルが異なっていたために、別のコンテンツとしていたものが、実は同じ行政サービスを説明していたり、現在は廃止された行政サービスであったことがわかったりします。そのような場合には、いったん作成したメニューも積極的に修

準備段階 >> 設計段階1 >> **設計段階2** >> 実装段階

TASK **08**/12 コンテンツの雛形に沿って文章を作成する

Check Sheet

☐ **コンテンツアイテムごとに行政サービスの説明文を作成しましょう。**
元の情報を分解して並び替えて作成する場合は、文脈を変えることで事実関係や正確性が損なわれないよう注意しましょう。

☐ **利用者視点で内容を書き下しましょう。**
専門用語や法律用語はできるだけ平易な言葉に置きかえて、利用者に伝わるかどうかを意識しましょう。

☐ **必要に応じて、コンテンツの統廃合を行います。**
廃止された施策は削除したり、重複していたコンテンツを整理したりします。修正した場合は、そのことをメニューに随時記入して、作業の振り返りに活用しましょう。

正・改善を進めていきましょう。

また、元の情報量が多すぎる場合や、1ページ内で複数の施策が説明されているなどの場合は、メニュー内の情報を分割することも考えます。

なお、コンテンツの作成に伴う、メニューの修正・改善は情報整理のためだけでなく、現在提供している各種施策の実施状況の把握や、Webサイトに掲載している情報の管理にも役立てることができます。

Webサイトの構築段階ではもちろんのこと、Webサイト完成後も常に、コンテンツとメニューの双方を更新管理しておくことをおすすめします。

メニューの更新管理の工夫については、コラム06（P.76）で詳しく紹介していますので、参考にしてください。

○県サイトでの施策情報の記述例

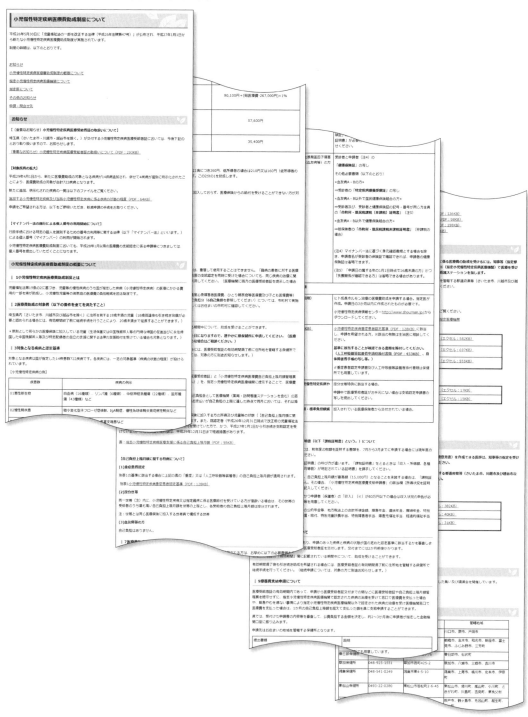

○住民向けサイトでの行政サービス情報の記述例

☑ **小児慢性特定疾病医療費の助成**

［概要］　　　　　厚生労働省が定める慢性疾患にかかっていることにより、長期にわたり療養を必要とするお子さん等の健全な育成を目的として、その治療方法の確立と普及を促進し、ご家族の経済的な負担を軽減するために、保険診療による医療費の自己負担分の一部または全額を助成します。

　　　　　　　　＞＞ 対象となる疾病についてなど、詳しくはこちら（小児慢性特定疾病情報センターサイト）

［支給内容］　　都道府県等から指定を受けた医療機関（病院、診療所、薬局及び訪問看護事業所）で、認定を受けた疾病と、その疾病に付随して現れた傷病の治療にかかった保険診療による医療費の自己負担分の一部または全額を助成します。（保護者の所得状況に応じた自己負担額があります。）

［対象者］　　　埼玉県内に住民登録があり、厚生労働省の定める対象疾患で認定基準に該当していると認められた 18 歳未満のお子さん
　　　　　　　　※ただし、18 歳になる前から認定を受けていた場合で、18 歳になった後も引き続き治療が必要であると認められた方は、20 歳になるまでが対象です。

［申請できる人］　対象となるお子さんの保護者

［申請期日］　　随時
　　　　　　　　※申請書類が受理された日が公費負担の開始日になります。

［手続きなど詳しくは］　「小児慢性特定疾病医療費助成制度について（県サイト）」をご覧ください。

　　　　　　　　＞＞ 小児慢性特定疾病医療費助成制度について（県サイト）

2-10 元の施策情報をコンテンツアイテムに沿って簡潔に整理した行政サービス情報の例

TASK09 絞り込み検索の切り口（分類軸）の設計とタグ付けをしよう

　国・自治体サイトの利用者は、どのような行政サービスがあるのかを、ほとんど知らないまま閲覧していることも少なくありません。そうした利用者には、あらかじめ選択肢を提示して絞り込む検索方法、「絞り込み検索」が役立ちます（P.74-75・図2-12、2-13参照）。

タグを設計しよう

　絞り込み検索を行うためには、「タグ」と呼ばれる情報をコンテンツに追加します。タグとは、コンテンツを探すための目印です。たとえば通販サイトで本を探すときに、「雑誌」「絵本」などの種類で情報を絞り込んで探すことがあると思います。この絞り込みは、多種多様な本の情報の中から、タグとして「絵本」という情報を持っている本の情報だけを抜き出すことで実行されています。

　ところで、利用者がキーワードを自ら指定して検索する「キーワード検索」でも情報の絞り込みは可能ですが、それとタグを利用した絞り込み検索では、特徴が大きく異なります。

　キーワード検索では、コンテンツの本文などにキーワードが含まれているものを検索することになりますが、その場合、意図したコンテンツにキーワードが含まれていなかったり、またキーワードが意図しない使われ方をしていたりということが起こります。たとえば絵本を紹介する文章に必ずしも「絵本」という単語が使われているとは限りませんし、学術入門書など絵本でない書籍の説明に「絵本のようなストーリー性をもった解説」のように「絵本」という単語が使われている可能性もあります。

　このように、キーワード検索と絞り込み検索は、それぞれメリットとデメリットがあるため、その双方をWebサイトでうまく活用することが、コンテンツの探しやすさ実現のために大切な要素となってきます。

　実はすでにお気づきかと思いますが、コンテンツの絞り込みに利用すべきタグは、TASK05で説明した、階層化したグループの名前（ラベル）と、基本的には同じものです。

　タグを考えるときには、このようにまずは検索対象となる行政サービスをTASK05（P.52）の方法でメニュー化してから、利用者が検索する際の検索の切り口（すなわち分類軸）を決めていくことが、一番の近道となります。

タグを追加しよう

　タグの設計が済んだら、各コンテンツにタグをあてはめていきましょう。この作業はスプレッドシートを使用するのがおすすめです。左端の列に行政サービスの名称を縦に並べ、一番上の行にはタグを横に並べて、コンテンツ一つひとつに

PhaseⅢ コンテンツを整理して、わかりやすくまとめよう

準備段階　>>　設計段階1　>>　**設計段階2**　>>　実装段階

TASK**09**/12 絞り込み検索の切り口（分類軸）の設計とタグ付けをする

Check Sheet

☐ 絞り込み検索の切り口（分類軸）を洗い出しましょう。
　検索軸は、行政サービスの「分野」「対象者」「ライフステージ」「年齢」など、利用者の状況や要望に沿って洗い出します。

☐ 各行政サービス情報（コンテンツ）へのタグ付けをしましょう。

☐ スプレッドシートを使用して、検索結果の検証をしましょう。

対して、どのタグが必要かという印をつけた表を作ります（P.72・図2-11参照）。PhaseⅡで作成したメニューの右に、新たに列を追加して作業しても構いません。

　スプレッドシートを使用した作業の利点は、データ抽出機能[*1]を使って特定のタグに印がついた行を絞り込むことで、そのタグで絞り込み検索を行ったときに表示されるコンテンツを確認できること

です。実際に絞り込んだ結果を見てみると、タグのつけ方のルールが一貫していない、あるべきコンテンツが出てこない、もしくは関係のなさそうなコンテンツが表示されるなど、設計時には想定できなかった問題が見つかることがあります。

　タグの追加作業は、このようにスプレッドシートを使いながら、繰り返し絞り込み検索の結果を確認しながら進めるようにしましょう。

＊1　データ抽出機能：Microsoft® Excel® の場合、「オートフィルター」に相当する機能。

行政サービス名			UMカテゴリ		対象者					
			妊娠・出産	子育て	ひとり親	障がい児	遺児	0	1	2
健診・予防接種	お子さんの健康診査	3か月児健康診査	○	○				○		
		10か月児健康診査	○	○				○		
		1歳6か月児健康診査	○	○						○
		3歳児健康診査	○	○						
		5歳児健康診査	○	○						
	幼児期の予防接種	定期予防接種	○	○				○	○	○
		任意予防接種	○	○				○	○	○
		予防接種前後の注意点	○	○				○	○	○
金銭的支援	育児に関する金銭的支援	乳幼児医療費の助成(子ども医療費)		○				○	○	○
		児童手当		○				○	○	○
		ベビーシッターの助成		○						
		保育料の補助、減免		○				○	○	○
		幼稚園就園奨励費		○						
		幼児2人同乗自転車購入費の一部助成		○					○	○
		私立幼稚園等園児保護者補助金		○						
		病児・病後児保育の助成―ベビーシッターの利用料を補助―	○	○				○	○	○
	ひとり親の方への金銭的支援	児童扶養手当	○	○	○			○	○	○
		ひとり親家庭医療費助成	○	○	○			○	○	○
		母子及び寡婦福祉資金	○	○	○			○	○	○
		自立支援教育訓練給付金	○	○	○			○	○	○
		高等技能訓練促進費	○	○	○			○	○	○
		JR通勤定期の割引	○	○	○			○	○	○
		都営交通の無料パス	○	○	○			○	○	○
		児童育成手当(育成手当・障害手当)	○	○	○	○		○	○	○
		都営交通無料パス等	○	○	○			○	○	○
	障がい、難病のあるお子さんへの金銭的支援	特別児童扶養手当	○	○		○		○	○	○
		障害児福祉手当	○	○		○		○	○	○
		小児慢性特定疾患医療費の助成	○	○		○		○	○	○
		特定疾患医療の給付	○	○		○		○	○	○
		地域別特定疾患医療費	○	○		○		○	○	○
		発達障害等療育経費助成制度	○	○		○		○	○	○
	遺児の方への金銭的支援	遺児等福祉手当	○	○			○	○	○	○
保育所・保育サービス(通常保育)	保育所・保育サービス	公立保育所一覧	○	○				○	○	○
		私立保育所一覧	○	○				○	○	○
		認可外保育所一覧	○	○				○	○	○
		認定こども園	○	○				○	○	○
		保育ママ	○	○				○	○	○
	保育所への入所	保育所への入所手続き	○	○				○	○	○
		保育料徴収金基準額表	○	○				○	○	○
		保育料の補助、減免	○	○				○	○	○
	保育所での様々なサポート	延長保育	○	○				○	○	○
		障がい児保育	○	○		○		○	○	○
		保育所・幼稚園の園庭開放	○	○				○	○	○
一時的な保育サービス	(分類なし)	一時保育	○	○				○	○	○
		特定保育	○	○				○	○	○
		休日・夜間保育	○	○				○	○	○
		病児・病後児保育	○	○				○	○	○
		ショートステイ・トワイライトステイ	○	○				○	○	○
		ファミリー・サポート・センター	○	○				○	○	○
		緊急一時保育等家事援助	○	○				○		
		病児・病後児保育の助成―ベビーシッター	○	○						

2-11 スプレッドシートを利用したタグのリストの例[*1]
上記の表では、該当するタグに「○」で印をつけています。
スプレッドシートで作成しておくと、誰でも簡単に検索結果の検証ができます。

Phase Ⅲ コンテンツを整理して、わかりやすくまとめよう

タグ															サービス内容										
対象年齢														健康	金銭的支援	通常保育サービス	一時的な保育サービス	幼稚園	教室・講習会	サポート	施設	コミュニティ	救急	相談
7	8	9	10	11	12	13	14	15	16	17	18	19	20										
														○									
														○									
														○									
														○									
														○									
														○									
○	○	○	○	○	○	○								○	○								
○	○	○	○	○	○										○								
															○								
															○								
															○								
															○								
○	○	○	○	○											○								
○	○	○	○	○	○	○	○	○	○					○	○								
○	○	○	○	○	○	○	○	○	○						○								
○	○	○	○	○	○	○	○	○	○						○								
○	○	○	○	○	○	○	○	○	○						○								
○	○	○	○	○	○	○	○	○	○						○								
○	○	○	○	○	○	○	○	○	○						○								
○	○	○	○	○	○	○	○	○	○						○								
○	○	○	○	○	○	○	○	○							○								
○	○	○	○	○	○	○	○	○	○						○								
○	○	○	○	○	○	○	○	○	○	○	○	○	○		○								
																○							
																○							
																○							
																○							
																○							
																○							
																○							
																○							
																	○						
																	○						
																	○						

＊1　上記は、UM で定義している「カテゴリタグ」と「対象者タグ」（資料編 P.118-119 参照）に、自治体ごとの独自タグを組み合わせた設計例。UM タグについて詳しくは、入門編 第2章-04・05（P.22-23）にて解説。

2-12 検索の切り口（入り口）を複数設けた画面設計の例
　　　「目的別」「対象者別」「ライフステージ別」の 3 つの入り口から情報の絞り込みを行うことができる。

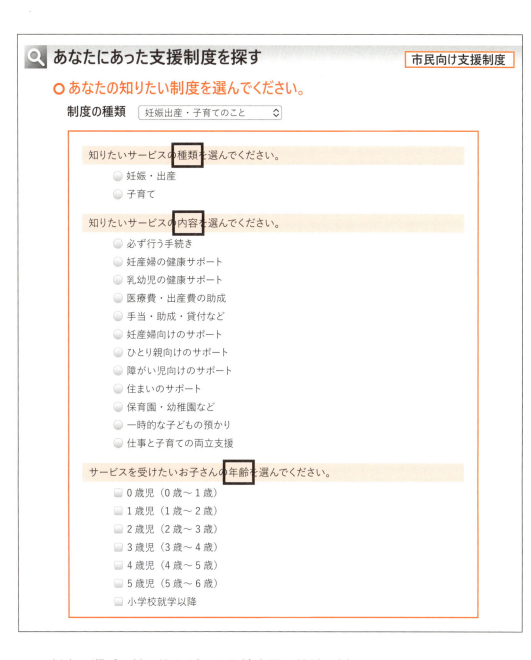

2-13 任意の順番で絞り込みができる検索画面設計の例
サービスの「種類」「内容」対象者の「年齢」の3つの切り口で情報の絞り込みを行うことができる。

UM Columns 06
メニューのバージョン管理

　メニューは、コンテンツの作成を始めると、名称の変更やグループの移動など、次々に修正が入ります。1日の間に同じ箇所を何度も修正することも珍しくありません。そうなると、ある程度作業が進んだところで、根幹の思想からずれているところや、修正時の作業ミスが現れ始めます。このようなときに、素早く作業の振り返りができるように、修正記録を残すことはとても大切です。

　具体的には、メニューに「修正履歴」を記録する列を作成し、修正前の状態と修正理由を書いておきましょう。現在に至るまでの振り返りがしやすいほか、修正を重ねるうちに、同じ修正をくり返してしまうことを防ぐことができます。また、コンテンツを別のグループへ移動した場合は、移動後のコンテンツの「修正履歴」に、どこから移動してきたのかを書いておくことはもちろんですが、移動前のグループからもコンテンツを消さず、"見え消し"して残しておき、「修正履歴」にどこへ移動したのかも記載しておきましょう。同じように、統合や削除となったコンテンツも、メニュー上は削除せず、「修正履歴」に削除したことと、その理由を書いておきましょう。そうすることで、将来的にコンテンツが行方不明になったり、作成しなくてよいコンテンツを作ってしまったりといった手戻りを防ぐことができます。

　最後に、各コンテンツには管理用の番号をつけておくことをオススメします。番号は同じコンテンツには同じ番号が、違うコンテンツには違う番号がつくようにします。コンテンツの順番を入れ替えたときに、ついつい新しい順番で番号を振り直したくなりますが、一度つけた番号は以降、変更しないようにするのが一番のポイントです。上から1、2、3…、と順番に並んでいる必要はありません[*1]。

　番号をつけておくと、たとえばコンテンツの名称を変更したときに、複数のグループに配置したことを忘れて、グループごとに別の名称にしてしまったような場合でも、同じ番号のコンテンツを探すだけで簡単に名称を統一できます。たとえば、役所内の複数の部署にメニューを配布して、複数の部署で同時に編集作業を行った場合にも、コンテンツがどのように編集されていても番号でコンテンツを特定することができるため、作業後に各部署で別々に編集したメニューを1つにまとめる際の助けになります。

　メニューやコンテンツの作成には多くの人が関わります。修正履歴と番号を上手に活用して、作業をスムーズに進めましょう。

[*1] たとえば、図2-7（P.58）と図2-8（P.59）では、コンテンツの並べ替えや、複数グループへの配置を行っているが、管理用の番号は変更していない。

Phase IV
実装段階

使いやすさ、わかりやすさを実現するために

　PhaseIIIまでの工程で作成したメニューやコンテンツは、媒体や使用目的にかかわらず、様々に活用できる行政サービスのデータです。

　これを、Webサイトや冊子などの媒体に実装し、住民向けに公開する際には、「使いやすさ」「わかりやすさ」の視点から、さらに様々な配慮や工夫が必要です。

　PhaseIVでは、全国約130自治体*で導入されている、UMをベースとした子育て関連情報のポータルサイト『子育てタウン』の例などを参考に、利用者にとっての「使いやすさ」「わかりやすさ」を実現するためのポイントについて解説します。

*　平成29年11月現在（㈱アスコエパートナーズ調べ）

この章でやること…

- **TASK10** 利用者視点の表記・表現ルールを作成する
- **TASK11** 利用者の声を取り入れる仕組みを作る
- **TASK12** 図表やリンクの使い方に配慮する

TASK10 利用者視点の表記・表現ルールを作成しよう

「利用者視点の表記・表現」というと、アクセシビリティのことを真っ先に思い浮かべる方も多いと思います。

しかし、「使いやすさ」「わかりやすさ」を実現するための観点としては、アクセシビリティへ配慮することだけでは不充分だと考えています。

利用者にとってわかりやすいコンテンツを作成するためには、様々な観点から、表記や表現にも注意が必要です。複数部署や複数人で作業を行う場合だけでなく、わかりやすさを維持するためにも、一定のルールを設けて、文章の作成・更新を行いましょう。

表記・表現ルールを定めよう

P.80に掲載されている表2-14は、『子育てタウン』で定めている「表記・表現ルール」の一部です。

肝心なことは、詳細な表記ルールをできるだけたくさん適用することではなく、一つひとつのルールがどのような理由で設定されたのかということを理解したうえで、媒体や状況に応じた運用を行うことです。

たとえば、「誤用を避ける」ために定められたルールや、自治体組織全体で定めがある表記については、媒体を問わず適用すべきルールです。また、P.81・表2-15の「A：アクセシビリティ上の観点」から定められたルールは、同じ環境で作成されるWebサイトのコンテンツであれば、共通して適用するのが望ましいルールです。

これに対して、「B：ユーザビリティ上の観点」から定められたルールは、対象者や行政サービスの分野、媒体などが異なれば、望ましい表記も異なる場合もあるでしょう。さらに、「C：運用上の観点」から定められたルールは、適用するかしないかも含めて、自治体ごとやWebと冊子など媒体ごとに異なっていても問題のないルールです。

このように、媒体や状況に応じた利用者視点の「使いやすさ」「わかりやすさ」を実現するために、表記・表現の「用例」や「禁止用例」などルールの中味とともに、そのルールが意図する「ねらい」を記載しておくことをおすすめします。

表記・表現の運用ルールを定めよう

「表記・表現ルール」が定まったら、次は運用ルールも定めておきましょう。

特にWebサイトでは、構築の際に徹底して表記の統一を図ったとしても、すぐに、修正・更新が発生します。そこで、一度に詳細に作り込むことより、現状の管理・運用体制の中で、無理なく徹底・継続できるということを第一に、どの範囲にどこまでのルールを適用するのかを決めるとよいでしょう。

たとえば、コンテンツページは部署ご

Phase Ⅳ 使いやすさ、わかりやすさを実現するために

準備段階　>>　設計段階1　>>　設計段階2　>>　**実装段階**

TASK10/12 利用者視点の表記・表現ルールを作成する

Check Sheet

☐ **表記・表現ルールの定義を決めましょう。**
表記・表現ルールについて、それが何のためのルールなのかということを定義しておくと、わかりやすい表記・表現について各人で判断できるようになります。

☐ **表記・表現ルールを適用する範囲を決めましょう。**
自治体組織全体を通して適用するルールや、部署ごと・媒体ごとに適用するルールなど、適用の範囲を決めて運用しましょう。

☐ **表記・表現ルールを定期的に見直しましょう。**
わかりやすさは時代により変わるものです。ルールは定期的に見直しましょう。

とに更新するのであれば、自治体組織全体では必要最低限のルールだけを決めておき、あとは追加のルールを作るか作らないかも含めて部署ごとで運用する、ということにすれば、その必要最低限のルールが守られているかどうかをチェックする体制・仕組みだけで、利用者視点の表記・表現を保持・継続していくことが可能となります。

また、言葉は社会的なものですので、時代が変わればわかりやすさの定義も変わっていきます。システムや情報にアクセスする端末の仕様変化によっても、配慮すべきルールは変わるため、CMSの入れ替えなど、大規模な改修を行う際などに、表記・表現ルールについても見直しを行うといいでしょう。

ルールの ねらい	ルール	用　　例	禁止用例
B01	祝祭日　と表記しない	祝日	祝祭日 ※法的に祭日は存在しないため
B02	専門用語を避け、住民になじみのある言葉遣いや表現とする。ただし、自治体内では広く広報される名称と、一般的な名称との間に隔たりがある場合は、双方を併記する。	保育園（保育所）、認可保育所（保育園）、子どもの医療費助成（マル福）	認可保育所、認可保育園、保育所、小児（マル福） ※一般には「保育園」の呼称が定着しており、人により、「保育所」の呼称から連想するものにゆれが出るため、一般的な呼称と正式な呼称を併記すること
B02	起算日（異動が起きた日を1と数えているのか0と数えているのか）を明確にする。	出生日の翌日から15日以内、異動日の翌日から▲日以内	生まれて▲日以内に、引越したときは▲日以内に
B02 C02	対象年齢を規定する場合は、▲歳の「お子さん」という表記で統一 【例外】 ・言葉の定義をしたうえで使用する場合	生後3か月までのお子さん、0歳から3歳未満のお子さん 【例外】 ・支給要件児童、支給対象児童	児童、赤ちゃん、乳児、幼児 ※「児童」は、法律によって年齢規定が異なるため、「幼児・乳児」は年齢規定を知らない人もいるため、対象年齢を規定する言葉として使用した場合は、利用者によって認識の相違が出てしまうため
A02 C02	▲曜日　で統一 【例外】 開館日など複数の曜日を連ねる場合 ・▲曜・▲曜・▲曜・▲曜	月曜日、第3土曜日、月曜日から金曜日 開館日：月曜・水曜・木曜 土曜・日曜・祝日を除く	（月）、月から金、月・水・木 ※「つき・みず・き」と読み上げられる可能性があるため
A02 C02	日付は、略記をせず、年月日を交えて表記する。	平成28年1月1日	2016/3/3、H28/1/1、1/2 ※「エイチにじゅうはち」「にぶんのいち」と読み上げられる可能性があるため
C02	アルファベットを使用する場合は、半角入力で統一する。	ABCDabcd1234（半角）	ＡＢＣＤａｂｃｄ１２３４（全角）
A01	記号は別表で示すものだけを使用するが、記号の代わりに用例のような表記を使用する。	電話番号、1．（1）、キログラム、株式会社、1,000円	TEL、☎、①、㎏、㈱、￥1,000

2-14 『子育てタウン』で使用している基本的な表記・表現ルールの例

Phase IV 使いやすさ、わかりやすさを実現するために

表記・表現統一の観点		表記・表現ルールのねらい
A：アクセシビリティ上の観点	A01 文字化けの回避	環境依存文字の使用などによる文字化けや非表示を避けるため
	A02 読み上げ対応	読み上げソフトによって正しく読み上げられないことを避けるため。（ソフトの種類や、利用者側の設定によっても違いがあるため、誤読されたり読み上げられないことで誤解を招くおそれがある表記や記号の使用は極力避ける。）
B：ユーザビリティ上の観点	B01 間違いの回避	間違えやすい表記や表現を正しく記述するため
	B02 誤認識の回避	専門用語などの定義と一般的に認識されている定義との間にギャップがある、または、人によって認識が異なるなど、誤解を招く表記・表現を避けるため
C：運用上の観点	C01 作業ミスを回避	正しく入力されていれば、アクセシビリティ上もユーザビリティ上も問題はないが、「環境依存文字と共通文字が併存するなどの理由から誤入力を起こしやすい」「使い分けが難しいために間違った記述をしやすい」等のミスを回避するために、ミスしにくい表記に統一
	C02 編集物としての統一	どちらでも間違いではないために、表記・表現にゆれが出ることを回避し、編集物としての統一を図るために、特に出現数の多い表記について、本サイトに限った範囲でのルールを定める。ただし、「障害・障がい」の表記については、別に定める『障害の「がい」の字の表記に係る取扱いについて』に従って記述すること

2-15 表記・表現ルールのねらいと定義の例

TASK11 利用者の声を取り入れる仕組みを作ろう

利用者視点でサイトをチェックしよう

　自治体のサイトの情報には、何といっても正確性が求められます。そのために、どうしても専門用語や聞きなれない言いまわしが多く、一方的なコミュニケーションになりがちです。

　では、自治体サイトにおいて正確性とわかりやすさを両立させるには、どのように運用すればいいでしょうか。サイトを少しでもわかりやすくするためには、まず、制度や手続きに精通した担当者にコンテンツを書いてもらい、次にできるだけ利用者に近い立場の人に読んでもらいます。その際、できるだけサイトの本番環境に近い状態で、サイトの遷移に沿って確認してもらいます。

　複数人で作成しているのであれば、お互いに自分が作成したところ以外をチェックするということでもいいでしょう。情報の発信者側から受け手の立場に視点を変えることで、思わぬ発見があるはずです。

　この、視点を変えることが「利用者視点」につながるのですが、仕事に主観を持ち込んではいけないと考えているためなのか、なかなか個人目線や利用者視点で意見を交わすのが難しい場合もあるようです。

　そういう場合は、実際の利用者の声を聞く機会を設けましょう。予算に余裕があり、根本的にテコ入れしたい、ということであれば、マーケティング会社にユーザーインタビューやアンケート調査などをお願いしたり、Webマーケティングの専門会社にアクセス解析をお願いしてみるのもいいでしょう。

アクセスログの解析結果と利用者の声を照合しよう

　大がかりなマーケティング調査だけでなく、無料のアクセス解析ツールでも、アクセスログ解析から、どのような端末でページにアクセスしているのか、どのようなキーワードで検索しているのか、よく見られているページは何か、どのページでサイトから離れていったのかなど、様々なデータが得られます。

　また、問合せや相談、クレームなどが寄せられる問合せ窓口は、これこそ、生の利用者の声の宝庫です。

　アクセスログの解析結果から得られた利用者の傾向が、実際の利用者の声にも現れているのかなど、検証しましょう。

　このようにサイトリニューアルなど特別な時だけでなく、利用者がどのような情報を欲しているのか、どのようなところでつまずいているのかなどについて、日常的に把握できる仕組みを作ることが大切です。

Phase Ⅳ 使いやすさ、わかりやすさを実現するために

準備段階 >> 設計段階1 >> 設計段階2 >> **実装段階**

TASK**11**/12 利用者の声を取り入れる仕組みを作る

Check Sheet

☐ **サイトコンテンツを利用者視点でチェックしましょう。**
探しづらい、わかりにくいと指摘を受けた点については傾向をまとめておき、新規ページの作成や更新の際の注意点として共有しておきましょう。

☐ **利用者のサイトアクセス状況を分析してみましょう。**
無償のアクセス解析ツールなどでも構わないので、「定期的」に分析を行うことが大切です。

☐ **利用者の声を把握し、探しやすさ、わかりやすさの維持に反映しましょう。**
利用者の声を把握し、コンテンツの作成や更新に反映できる仕組みを作ることがポイントです。

UM Columns 07

「フロー情報」と「ストック情報」の違いに着目！

　コンテンツを作成する際は、発信する情報が「フロー情報」であるのか「ストック情報」であるのかを意識するようにしましょう。

　「フロー情報」とは、施設の開設やイベント、災害などに関する緊急のお知らせなど、日々内容が流れていく（フロー）情報です。情報発信側としては注目してほしい、利用者側としては見逃したくない情報であるものの、必要とされる期間は短く、新しい情報が古い情報を押しやる形で追加されていきます。

　一方、「ストック情報」とは、各種行政サービスや手続き、または例規集などのコンテンツが該当します。新しい情報が比較的長い期間、蓄積（ストック）されていくだけでなく、たとえば、児童扶養手当の金額が変更になるなど、既存のコンテンツに情報が上書き更新されていく点が特徴です。

　「フロー情報」と「ストック情報」は情報の性質や必要となるシーンが異なるため、両者が混在すると、利用者が自分にとって必要な情報を探しづらくなってしまいます。

　コンテンツ作成時やサイト構築後の運用フェーズでは、新しい情報を追加・更新することが頻繁に行われます。その際、「フロー情報」と「ストック情報」をきちんと意識して作成・更新し、サイト内の適切な位置に整理・分類して配置することが、「利用者視点」でのサイト設計のためにとても大切です。

83

TASK12 図表やリンクの使い方に配慮しよう

　コンテンツをWebサイトに実装する際は、文字データだけでなく、必要に応じて図表やイラストを活用しましょう。

　図や表を上手に使うことで情報を簡潔にわかりやすくすることができますが、一方で、実装の際にはいくつか気をつけなければならないことがあります。

アクセシビリティに配慮しよう

　図や表を使用する際には、障がいがある人や、画像が利用できない環境でも理解できるよう配慮する必要があります。PDFファイルも作成の仕方によって、音声読み上げソフトに適さない場合があるので注意が必要です。

　また、色や文字の大きさの違いだけで何かを強調したり説明したりしようとすることも避けましょう。

　図や表へのリンクについても、リンクボタンの大きさやボタンまわりの余白に配慮するほか、代替テキスト[*1]を用意するなどの配慮も必要です。

媒体や端末の違いを意識しよう

　媒体や情報にアクセスする端末の違いによって、わかりやすさにずれが生じます。たとえば、紙媒体では1ページにきれいにおさまった表でも、そのままWebページに掲載すると、複雑になったり、文字が読みにくくなったりする場合があります。

　また、PCで見たときには見やすいと思っていた表でも、スマホで見たときには、おかしなところで切れたり、何回もスクロールしなければならず、非常に見にくい、といったこともあります。このような場合には、無理に1つの表におさめようとせず、むしろ分割したほうがわかりやすいこともあります。

運用上の注意点を考えよう

　前述のようなことにきちんと配慮する限りは、図表を使用しても問題ありませんが、一度作成したコンテンツを様々な媒体やデバイス向けに活用したり、媒体特性などについてそれほど知識のない人も制作や更新に携わる、といった場合には、極力使用しない、ということをルールにしてしまうことも一つの手です。

　たとえば『子育てタウン』サイトでは、媒体を超えた活用を想定している「行政サービス」ページについては、図表を使用しないという運用ルールを設けています。

たどり着き方を確認しよう

　最後にもう一つ、Webならではの機能である、リンクの設定についてつけ加えておきます。リンクはWebとしての基本機能で、自治体サイトの「探せない」「わからない」という課題、両方に関係する大きな改善ポイントです。

よく、検索からコンテンツページに入ったあと、パンくずリストもリンクもないために、関連するコンテンツをたどれないとか、メニューページからコンテンツページに行ったきり戻れない、といったサイトを見かけることがあります。

パンくずリストを整備するとともに、「トップページから」「第2階層のメニューページから」「検索から」と、様々な入口から各コンテンツページまでたどってみて、行き止まりになっていないか、迷子にならないか検証してみましょう。

これは極めて基本的な作業ながら、自治体サイト改善の一番の近道かもしれません。

UM Columns 08
利用者が自治体サイトに期待することは？

情報発信をするうえで、デザインは重要な要素です。デザインを考えるときにも大切なことがいくつかあります。その中で、写真や色、レイアウトといった見た目のデザインを考えること、その中身となる伝えるべき情報を整理・設計すること、この2つが両立することが良いデザインを生む鍵になります。

自治体Webサイトのデザインも、様々な工夫がされ、個性的なデザインやトップページの綺麗な写真に目を奪われることがあります。観光者向けWebサイトなどのPRサイトはそうしたデザインで成功している例もあります。しかし、主な利用者である住民が自治体サイトに期待することは何でしょうか？

行政サービス情報を収集しようと思ったら、自分が住んでいる自治体のWebサイトをまず見に行きます。手続きの詳細についてどうしても知りたいことがあったら、どんなに探しにくいサイトであっても、自分の自治体のサイト内を情報が見つかるまで探すことでしょう。

インパクトのあるデザインが求められることもありますが、住民向けの自治体Webサイトに求められることは、利用者が必要としている情報がわかりやすく掲載されていること、たどり着きやすく工夫されていることなど、「知りたい情報を簡単に得ることができるサイト」ではないでしょうか。

こうした細部の改善は、見た目の派手さはありませんが、自治体Webサイトを利用する住民に必ずわかってもらえる改善であることは間違いありません。

---

*1 代替テキスト：Webサイト内に含まれている画像が表示されなかったときや、音声読み上げソフトを使用するときに、画像が意図する内容を伝えるために表示するテキストのこと。

実践編　付録①　UM簡単導入ガイド

UM簡単導入ガイド【実践編】TASK一覧

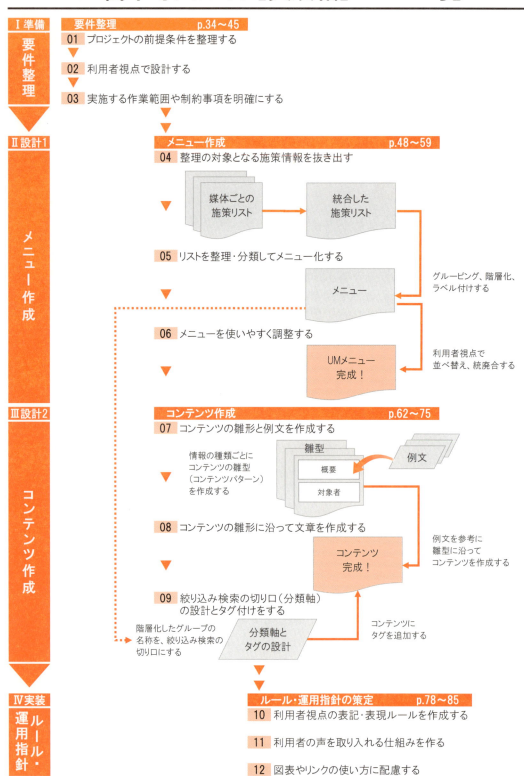

実践編　付録②　UM 用語集

UMメニュー

ＵＭを構成する２大要素の１つ。国や自治体が提供する行政サービスを広く網羅することを主眼に、各施策情報をサービスの分野（カテゴリ）ごとに分類・階層化して一覧にしたもの。巻末資料編で、「妊娠・出産」「子育て」「戸籍・住民票・印鑑登録」の３カテゴリのメニューを掲載。

→ P.12・14-15・26（入門編）、P.47-60（実践編 Phase Ⅱ）、P.98・104・110（資料編）

UMカテゴリ

UM に含まれるすべてのメニューを整理・分類し、階層化するための分類軸のこと。巻末資料編で、「住民向け」と「事業者向け」情報の大階層の「カテゴリ一覧」を掲載。さらにライフイベントメニューはサブカテゴリ（第２階層以下の分類軸）一覧を掲載。

→ P.48（実践編）、P.92-97（資料編）

UMマップ

すべてのＵＭメニューを管理するツールで、UM に含まれる、国や自治体が提供する「住民向け」「事業者向け」施策情報や、「観光情報」「市（町村）情報」を樹形図化した全体図のこと。
UM 普及協会が管理する OpenUM プロジェクトサイトで、「住民向け」情報のうち、ライフイベントメニュー８カテゴリのマップをダウンロードで入手することができる。

→ P.12-13（入門編）

UMコンテンツ

ＵＭを構成する２大要素の１つ。国や自治体が提供する行政サービスを、誰もが、「もれなく」「わかりやすく」記述できることを主眼に、行政サービスの説明に必要な施策情報を項目別に記載した詳細情報のこと。

→ P.12-13・16-21・26（入門編）、P.61-69（実践編 Phase Ⅲ）

UMコンテンツパターン

ＵＭコンテンツを記載するために、必要な情報項目である「コンテンツアイテム」をリストとして整備したもの。情報のパターン別に「届出」「金銭的支援」「イベント」など６種類を定義。巻末資料編で、全パターンの全コンテンツアイテムを掲載。

→ P.17-21（入門編）、P.61-69（実践編）、P.116（資料編）

UMタグ

行政サービスを分類する際の核となる仕組み。行政サービスの属性を表す「カテゴリタグ」と、対象者の属性を表す「対象者タグ」があり、全国どの自治体でも確実に必要と思われる基本的な事項は「リザーブドタグ」として定義している。これに対して、自治体ごとに目的に応じて設定するタグは「オープンタグ」と呼ぶ。巻末資料編で、「リザーブドタグ」一覧を掲載。

→ P.14・22-24（入門編）、P.70-75（実践編）、P.118-119（資料編）

UMテンプレート

ＵＭコンテンツを管理するツール。ＵＭテンプレートに沿ってコンテンツを作成することで、個々の行政サービスの説明に必要な内容を過不足なく記述し、文章を構造化することができる。巻末資料編で、「妊娠・出産」「子育て」「戸籍・住民票・印鑑登録」カテゴリの一部のテンプレートを掲載。

→ P.12-13（入門編）、P.66（実践編）、P.100-103・106-109・112-115（資料編）

Conclusion　Future perspective with UM

UM のさらなる活用と今後の展開について

最後に、UM 導入後のさらなる活用の可能性や今後の展開について説明します。

１．オープンデータ実現における情報構造基盤としての UM

オープンデータの取り組みが、国・自治体双方で広がってきました。

オープンデータを実現するためには、国や自治体の持つ様々な情報を公開することが、まずは不可欠です。実際に、国や自治体ではすでに多くの情報を公開しています。しかし、公開された情報が活用しにくいものであることが多々あります。

よくある例は、情報が公開されている（オープンになっている）ことは知っているが「どこにあるかわからない」「探しても見つからない」といった状況や、公開されている情報が紙面をスキャンした画像データで「活用するにはタイプし直さなければならない」、あるいは「文章が難しくて理解できない」などの状況です。

結局、そのままでは利活用できないものが多く、それが今、国のオープンデータに関する会議でも議論の的になっています。

オープンにするだけだは不充分です。利活用できなくてはならないのです。オープンデータ実現のためには、行政サービス情報の構造化という観点が不可欠です。

入門編・第３章でご紹介したように、UM によって電子化・構造化された行政サービス情報は、オープンデータに非常に適したデータであり、実際オープンデータを実現する際の手間を、大幅に削減することができます。

２．AI プラットフォームとしての UM

AI 技術を使った行政サービス情報の発信は、最近、活発に議論が行われるようになってきました。実際、いくつかの自治体で、様々な形で AI 技術を使った対話エンジンの導入が行われています。

AI 活用の例では、行政サービス情報へのタグ付けや、住民からの問合せ内容の分析結果などを組み合わせるというものが多く、そこでは、行政サービス情報そのものの構造化については、まだ充分議論されていません。

AI の活用においては、いかに多くの情報を与えて学習させることができるかが、重要な要素となっています。しかしながら、現状の膨大な行政サービス情報をそのまま AI に与えても、それでは不充分なおそれがあります。なぜなら、本書で述べてきたとおり、現状の自治体 Web サイトは、行政サービス情報の網羅性に問題があり、情報自体も必ずしもわかりやすい文章ではない可能性があるからです。

UM は情報の整理・分類、構造化のサポートに長けています。AI で利用する行政サービス情報について UM を活用して整備することで、AI 活用の実現を、より加速化できる可能性があります。

Conclusion　Future perspective with UM

　たとえば、コンテンツパターンやコンテンツアイテムの考え方を利用した、AI向けのQ&A（質問と回答に関する情報セット）などの整備も可能で、それらを抽出するためのタグも、UMのタグを活用することができます。

　UMの導入により、整理・分類、構造化された行政サービス情報は、そのままAI実現のための情報基盤となるのです。

３．UMのWebサイトマイページでの利用

　現在、マイナンバーを活用したマイナポータルをはじめとして、国・自治体を問わず様々なところで、Webサイトのマイページに関する議論がなされています。

　マイページとは、住民や事業者など対象を問わず、Webサイト上で行政サービスの情報を、利用者ごとの属性やニーズに基づいて絞り込んで閲覧することができ、さらに、電子申請で手続きなどが行えるWebサイトの機能です。

　この実現のためには、各行政サービスがどのような属性（性別・年齢・居住地など）の利用者を対象としているかというデータを整理することが不可欠です。行政サービス同士の関係性（「Aの助成を受けている人はBの助成も受けられる」など）も重要なデータとなるでしょう。こうした行政サービス情報の網羅的・体系的な整理について、UMは重要な役割を果たします。

　また、マイページの構築にあたり、各自治体が保有する行政サービス情報をデータベースに登録する必要がありますが、情報を文章でしか持っていない場合、データベース登録用に情報を整理・加工する必要があります。

　一方UMは既にデータベース化されているため、マイページのデータベースへの登録も容易です。実際に、平成29年7月に公開された国の「マイナポータル・子育てワンストップサービス」では、UMが正式に採用され、短期間で膨大な子育て関連行政サービス情報のデータベース化を実現することに貢献しました。

　現在、電子政府の議論の中でも、国・自治体ごとに個別にシステムを作り上げるのではなく、Web上の情報共有サービスの活用によって、いかに効率的なシステム導入と運用を実現していくかという議論が盛んに行われています。UMは、国・自治体Webサイトのマイページ実現における、情報共有システムの流れを促進する取り組みになると考えています。

４．行政サービスの識別子としてのUM

　平成27年から、国民一人ひとりに12桁のマイナンバー（個人番号）が通知されました。
　マイナンバーは、社会保障、税、災害対策の分野で、行政を効率化し、国民の利便性を高め、公平かつ公正な社会を実現する社会基盤情報として活用されるものです。また、マイナンバーは、今後、国・自治体のWebサイトで実現が見込まれている電子政府やマイページ実現のための基盤としても期待されています。

Conclusion　Future perspective with UM

　しかし、「国民（利用者）側に番号をつけるだけは不充分」という根本的な課題が残っています。これは民間企業の通販サイトに例えるとよくわかります。通販サイトの場合も、「顧客 ID」はもちろん重要な役割を果たしていますが、取り扱う商品やサービスに関する「商品 ID」の設計も極めて重要な要素です。

　たとえば、商品の生産やモデルチェンジ、受注・出荷・返品処理など、商品 ID なくしては、日々の業務は全く機能しません。また、商品 ID は、一企業の社内業務だけでなく、仕入れ先や取引先も交えた企業間取引の根幹としても活用されています。

　マイナンバーでは、この商品 ID にあたる行政サービスの ID が、まだ充分に議論されていない状況です。

　一方で、ユニバーサルメニュー普及協会では、マイナンバーが開始される以前から、行政サービスを管理するための ID について、その仕様や活用方法を議論し、これを「行政サービス ID」として提唱してきました。

　「行政サービス ID」では、この ID に行政サービス名や根拠法などの基本的な情報や、概要や対象者などのコンテンツ情報、タグなどの付加情報など、行政サービスに関するあらゆる情報をひも付けて管理します。

　行政サービス情報の管理については、行政サービスの名称を ID として使用すれば充分だとする意見を聞くことがあります。しかしながら、行政サービスの名前は変わることがあります。たとえば「母親学級」が「プレママスクール」に名前を変えてしまったら、その事実を知らない職員は、「母親学級」がなくなったと思うかもしれません。

　UM では、一つひとつの行政サービス情報に UMID という、ID（識別子）を備えており、これらが、行政サービス ID としての役割を果たします。

　UMID は変更されることがないため、UMID を把握しておけば、行政サービスの名称が変わっていても、目的の情報が見つからなくなることはありません。

　また、UMID を手がかりに、そこにひも付いた情報を参照することで、たとえば、国・自治体を横断して被災者支援施策を検討する場合などに、目的の情報を素早く探し出し、活用することができます。

　オープンデータや AI、マイナポータルなど、今後も行政サービス情報のデータ化の重要性は大きくなり続けます。そしてデータの量が増えれば、大量のデータを効果的・効率的に扱うための仕組みが不可欠となります。UMID はそうした仕組みを作る際の核となる要素です。

資料編

　資料編に掲載しているユニバーサルメニューの「カテゴリ一覧」「サブカテゴリ一覧」「メニュー」「コンテンツパターン一覧」「タグ一覧」は一般社団法人ユニバーサルメニュー普及協会の著作物で、「テンプレート」は株式会社アスコエパートナーズの著作物です。これらの著作物の利用は、クリエイティブ・コモンズ・ライセンス（CCライセンス）下で提供されます。

　CCライセンスは著作権のルールです。CCライセンスがある作品は、受け手はライセンス条件の範囲内で再配布やリミックスなどをすることができます。ユニバーサルメニューのライセンス条件は、「表示－継承」です。「表示－継承」とは、原作者のクレジットを表示し、改変を行った際には元の作品と同じ組み合わせのCCライセンスで公開することを主な条件に、改変したり再配布したりすることができるとしています。

資料1　ユニバーサルメニュー　カテゴリ一覧

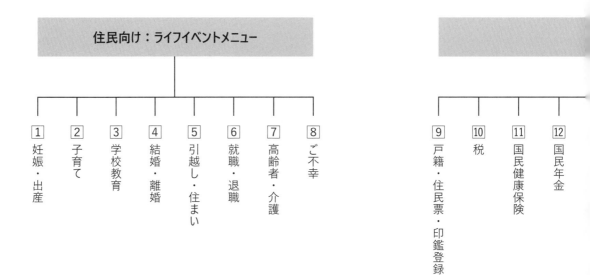

住民向け：ライフイベントメニュー
- 1 妊娠・出産
- 2 子育て
- 3 学校教育
- 4 結婚・離婚
- 5 引越し・住まい
- 6 就職・退職
- 7 高齢者・介護
- 8 ご不幸
- 9 戸籍・住民票・印鑑登録
- 10 税
- 11 国民健康保険
- 12 国民年金

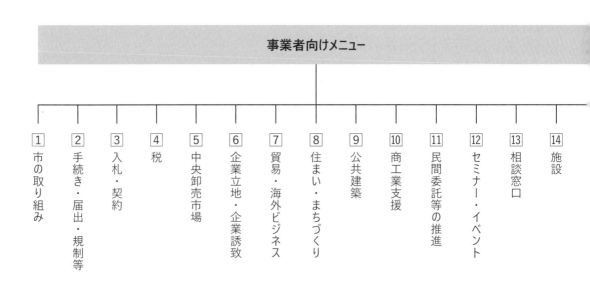

事業者向けメニュー
- 1 市の取り組み
- 2 手続き・届出・規制等
- 3 入札・契約
- 4 税
- 5 中央卸売市場
- 6 企業立地・企業誘致
- 7 貿易・海外ビジネス
- 8 住まい・まちづくり
- 9 公共建築
- 10 商工業支援
- 11 民間委託等の推進
- 12 セミナー・イベント
- 13 相談窓口
- 14 施設

資料編

資料2　ライフイベント　8カテゴリのサブカテゴリ一覧 ①

1 妊娠・出産

届出・手続き
妊娠時の届出
出産時の届出
その他

健診・予防接種
お母さんの健康診査
赤ちゃんの健康診査
乳幼児期の予防接種
産前・産後の訪問指導

金銭的支援
妊娠・出産に関する金銭的支援
育児に関する金銭的支援
ひとり親の方への金銭的支援
未熟児、障がい、難病のあるお子さんへの金銭的支援
遺児の方への金銭的支援

教育・保育サービス
教育・保育サービスの利用について
定期的に利用する教育・保育サービス
幼稚園での教育・保育サービス
一時的に利用できる保育サービス
▲▲市内の保育所・保育サービス
▲▲市内の幼稚園
保育所での様々なサポート
幼稚園での様々なサポート

サポート・施設・コミュニティ
各種教室・講習会
サポート
施設
コミュニティ
その他

病院・救急の時の連絡先
（サブカテゴリ無し）

相談・問合せ
（サブカテゴリ無し）

その他
（サブカテゴリ無し）

2 子育て

健診・予防接種
お子さんの健康診査
幼児期の予防接種

金銭的支援
育児に関する金銭的支援
ひとり親の方への金銭的支援
障がい、難病のあるお子さんへの金銭的支援
遺児の方への金銭的支援

教育・保育サービス
教育・保育サービスの利用について
定期的に利用する教育・保育サービス
幼稚園での教育・保育サービス
一時的に利用できる保育サービス
▲▲市内の保育所・保育サービス
▲▲市内の幼稚園
保育所での様々なサポート
幼稚園での様々なサポート

サポート・施設・コミュニティ
各種教室・講習会
サポート
施設
コミュニティ
その他

病院・救急の時の連絡先
（サブカテゴリ無し）

相談・問合せ
（サブカテゴリ無し）

その他
（サブカテゴリ無し）

資料編

3 学校教育

小学校
（サブカテゴリ無し）
中学校
（サブカテゴリ無し）
市内の高校、大学、専門学校など
（サブカテゴリ無し）
▲▲市の取組み
（サブカテゴリ無し）
障がいをお持ちのお子さんへ
（サブカテゴリ無し）
転校の手続き
（サブカテゴリ無し）
就学児の健康
（サブカテゴリ無し）
サポート・施設・コミュニティ
各種教室・講習会
サポート
施設
コミュニティ
その他
相談・問合せ
（サブカテゴリ無し）
その他
（サブカテゴリ無し）

4 結婚・離婚

戸籍などの届出
結婚する方へ
離婚する方へ
社会保険や手当、名義変更などに関する手続き
社会保険・税に関する手続き
各種手当などに関する手続き
名義変更などに関する手続き
金銭的支援
（サブカテゴリ無し）
施設
住宅支援
相談・問合せ
（サブカテゴリ無し）
その他
（サブカテゴリ無し）

資料2　ライフイベント　8カテゴリのサブカテゴリ一覧 ②

5　引越し・住まい

引越し
引越しチェックリスト
戸籍、住民基本台帳などに関する手続き
社会保険・税に関する手続き
各種手当などに関する手続き
各種住所変更の手続き
学校に関する手続き
生活インフラに関する手続き
金銭的支援
その他

住まい
《住まいを買う・建てる》
届出・手続き
金銭的支援
サポート
その他
《住まいを建て替える・補修する》
金銭的支援
サポート
その他
《住まいを借りる》
金銭的支援
サポート
その他

6　就職・退職

職業紹介所一覧
（サブカテゴリ無し）

求職者の方向けの職業相談・職業紹介
すべての方向け
シニアの方向け
子育て中の方向け
障がいをお持ちの方向け
▲▲市職員採用情報
▲▲市独自の就職・退職に関する情報

働いている方向けの相談窓口
労働相談（労働問題全般）
心の健康相談

セミナーやスキルアップ講習
求職中の方向け
働いている方向け

就職・退職に関する金銭的支援
（サブカテゴリ無し）

就職・退職した時の社会保険の手続き
（サブカテゴリ無し）

起業をしたい方・起業をしてまもない方
（サブカテゴリ無し）

農林水産業の新規参入・再チャレンジ
（サブカテゴリ無し）

Iターン・Uターン
（サブカテゴリ無し）

相談窓口一覧
（サブカテゴリ無し）

資料編

7 高齢者・介護

いきいきとした毎日を送る
楽しむ
交流する
学ぶ
仕事をする

健康な体づくりのために
《検査・健診》
お知らせ
検査・健診
その他

母子父子寡婦福祉資金
《こころとからだの元気づくり（予防・学習）》
予防
教室
相談・学習

国民年金
（サブカテゴリ無し）

医療を受けるために
（サブカテゴリ無し）

介護保険
介護保険制度とは
利用できるサービス

在宅・施設の福祉サービス
《在宅で生活するための福祉サービス》
日用品や福祉用具の給付・貸与
食事のお手伝い
家事のお手伝い
理美容・入浴サービス
緊急時の安心サポート
ショートステイなど
その他サポート
《施設での福祉サービス》
施設での福祉サービス

金銭・交通・住まいなどの多様なサポート
金銭的なサポート
交通に関するサポート
住まいに関するサポート
その他サポート

財産管理等が心配な方に
（サブカテゴリ無し）

相談窓口・施設一覧
相談窓口
施設一覧
その他

8 ご不幸

戸籍などの届出
（サブカテゴリ無し）

社会保険や手当、名義変更などに関する手続き
社会保険や税に関する手続き
各種手当などに関する手続き
名義変更などに関する手続き
ペット

ご不幸に関するお金の支援
（サブカテゴリ無し）

葬儀・墓地・斎場
（サブカテゴリ無し）

相談・問合せ
（サブカテゴリ無し）

その他
（サブカテゴリ無し）

資料 3-1 「妊娠・出産」カテゴリのメニュー

1 妊娠・出産

- 届出・手続き
  - 妊娠時の届出
    - 000001　妊娠の届出・母子健康手帳の交付
    - 000002　マタニティマーク
  - 出産時の届出
    - 000003　出生届
  - その他
    - 000004　認知届
    - 000005　国民健康保険の加入
- 健診・予防接種
  - お母さんの健康診査
    - 000006　妊婦健康診査
    - 000007　里帰り出産時の妊婦健康診査の費用助成
    - 000008　妊産婦の歯科健診
    - 000009　▲▲市独自の妊婦向け健診
  - 赤ちゃんの健康診査
    - 000010　先天性代謝異常等検査
    - 000049　3 か月児健康診査
    - 000050　10 か月児健康診査
    - 000051　1 歳 6 か月児健康診査
    - 000052　3 歳児健康診査
    - 000053　▲▲市独自の乳幼児健診
  - 乳幼児期の予防接種
    - 000054　定期予防接種
    - 000055　任意予防接種
    - 000056　予防接種前後の注意点
  - 産前・産後の訪問指導
    - 000011　妊産婦訪問
    - 000012　未熟児の訪問指導
    - 000013　新生児訪問
    - 000014　乳幼児全戸訪問事業（こんにちは赤ちゃん事業）
    - 000015　産後ケア事業
- 金銭的支援
  - 妊娠・出産に関する金銭的支援
    - 000016　特定不妊治療費助成
    - 000017　▲▲市独自の不妊治療費助成
    - 000018　妊娠高血圧症候群（妊娠中毒症）に関する助成
    - 000019　出産育児一時金
    - 000020　出産費貸付制度
    - 000021　出産祝い
    - 000022　▲▲市独自の妊娠・出産に関する金銭的支援
  - 育児に関する金銭的支援
    - 000023　乳幼児医療費の助成(子ども医療費)
    - 000024　児童手当
    - 000025　ベビーシッターの費用の助成
    - 000081　幼稚園就園奨励費
    - 000057　幼児 2 人同乗自転車購入費の一部助成
    - 000058　▲▲市独自の育児に関する金銭的支援
  - ひとり親の方への金銭的支援
    - 000026　児童扶養手当
    - 000027　ひとり親家庭医療費助成
    - 000028　母子父子寡婦福祉資金
    - 000059　自立支援教育訓練給付金
    - 000060　高等職業訓練促進給付金
    - 000061　▲▲市独自のひとり親の方への金銭的支援
  - 未熟児、障がい、難病のあるお子さんへの金銭的支援
    - 000029　未熟児養育医療の給付
    - 000062　特別児童扶養手当
    - 000063　障害児福祉手当
    - 000064　小児慢性特定疾病医療費の助成
    - 000065　指定難病医療費の助成
    - 000066　地域別特定疾患医療費
    - 000067　▲▲市独自の障がいのあるお子さんなどへの金銭的支援
  - 遺児の方への金銭的支援
    - 000068　遺児等福祉手当
    - 000069　▲▲市独自の遺児の方への金銭的支援
- 教育・保育サービス
  - 教育・保育サービスの利用について
    - 000070　子ども・子育て支援新制度について
    - 000071　教育・保育施設、地域型保育の支給認定（1 号・2 号・3 号認定）
    - 000072　教育・保育施設、地域型保育の保育料の減免
  - 定期的に利用する教育・保育サービス

```
000073  保育所への入所手続き
000074  認定こども園への入園
000075  地域型保育への入所
000076  延長保育
000077  休日・夜間保育
000078  障がい児保育
000079  放課後児童クラブ
```
幼稚園での教育・保育サービス
```
000080  幼稚園への入園手続き
000081  幼稚園就園奨励費
000082  幼稚園での預かり保育
```
一時的に利用できる保育サービス
```
000083  一時保育
000084  特定保育
000085  病児・病後児保育
000086  ショートステイ・トワイライトステイ
000087  ファミリー・サポート・センター
000088  ▲▲市独自の一時的な保育サービス
```
▲▲市内の保育所・保育サービス
```
000089  公立保育所一覧
000090  私立保育所一覧
000091  認可外保育所一覧
000092  認定こども園一覧
000093  保育ママ
000094  ▲▲市独自の保育施設
```
▲▲市内の幼稚園
```
000095  公立幼稚園一覧
000096  私立幼稚園一覧
000092  認定こども園一覧
```
保育所での様々なサポート
```
000097  保育所・幼稚園の園庭開放
000098  ▲▲市独自の保育所でのサポート
```
幼稚園での様々なサポート
```
000097  保育所・幼稚園の園庭開放
000099  未就園児親子登園
000100  幼稚園での子育て相談
000101  ▲▲市独自の幼稚園での保育サービス
```
サポート・施設・コミュニティ
各種教室・講習会
```
000030  妊娠・出産に関する各種教室・講習会一覧
000031  両親学級・妊婦学級
000032  歯の健康教室
000033  ▲▲市独自の妊娠・出産に関する教室・講習会
```
サポート
```
000034  ▲▲市独自の妊娠・出産に関するサポート
```
施設
```
000035  妊娠・出産に関する各種施設一覧
000036  保健福祉センター
000037  母子生活支援施設
000038  ▲▲市独自の妊娠・出産に関する施設
```
コミュニティ
```
000039  各種コミュニティ・団体一覧
```
その他
```
000040  助産制度
000041  里親制度
```
病院・救急の時の連絡先
（サブカテゴリ無し）
```
000042  妊娠・出産に関する病院一覧
000043  産婦人科救急
000044  小児救急医療電話相談（#8000）
000045  夜間・休日急病診療所
```
相談・問合せ
（サブカテゴリ無し）
```
000046  妊娠・出産に関する相談窓口一覧
000047  ▲▲市の妊娠・出産に関する相談
```
その他
（サブカテゴリ無し）
```
000048  その他
```

資料 3-2 「妊娠・出産」カテゴリのテンプレート例 1 「妊婦健康診査」

妊婦健康診査

※【　】内や▲▲の部分は自治体ごとに内容が異なる部分の例文です。
　テンプレートを使用する際は書き換えてください。

概要・内容

妊婦さんやお腹の赤ちゃんの健康状態を定期的に確認するための健診にかかる費用の【一部】を助成します。

妊婦の方の健康診査は、一般的に、出産までに 14 回程度受診するのが望ましいとされています。しかし妊娠は病気ではないため、健康保険は適用されません。そこで、出産の経済的負担を軽減するのがこの制度です。

母子健康手帳の交付時に【妊婦健康診査受診票】をお渡しします（交付枚数▲▲枚）。

望ましい受診の目安

1. 妊娠初期から妊娠 23 週（第 6 月末）まで：4 週間に 1 回
2. 妊娠 24 週（第 7 月）から妊娠 35 週（第 9 月末）まで：2 週間に 1 回
3. 妊娠 36 週（第 10 月）以降分娩まで：1 週間に 1 回

利用方法

受診票の妊婦記入欄に記入の上、受診する医療機関などに出して受診してください。
受診票を利用できる医療機関名の一覧【リンク】
※委託医療機関以外では【妊婦健康診査受診票】は使用できません。

※指定項目以外の検査を受けた場合、検査費用が上限額を超えた場合、また健康保険が適用される検査を受けた場合の費用は自己負担となります。

検査内容

1. 健康状態の把握（妊娠月週数に応じた問診、診察など）
   【血液検査】
2. 検査計測
   【子宮底長、腹囲、血圧、浮腫、尿化学検査（糖・蛋白）、体重】
3. 保健指導の実施とともに、必要に応じた医学的検査
   【食事や生活上の注意指導、不安や悩みの解消など】

支給内容

母子健康手帳の交付時に【妊婦健康診査受診票】をお渡しします（交付枚数▲▲枚）。

対象者

▲▲市内にお住まいの妊婦さん（▲▲市に住民登録をしている方）

申請できる人・申請方法・申請期日・申請窓口

妊娠が分かりましたら早めに▲▲課窓口に妊娠の届出をしてください。母子健康手帳と併せて【妊婦健康診査受診票】をお渡しします。

（持ち物・申請書類・記入例）

▲▲▲▲▲

こんなときは手続きが必要です

▲▲市外へ転出する場合

▲▲市発行の【妊婦健康診査受診票】は使用できなくなりますので、転出先の市区町村に確認してください。

▲▲市内へ転入する場合

転入前の市区町村発行の【妊婦健康診査受診票】は使用できなくなりますので、▲▲課で手続きをしてください。妊娠週数に応じて【妊婦健康診査受診票】を交付します。

【里帰り出産などで▲▲県外の医療機関で受診する場合】

▲▲県の委託医療機関以外の病院などで健診を受ける場合、【妊婦健康診査受診票】は使用できませんので、いったん健診費用を自己負担してください。後日申請していただければ、助成される分の金額をお戻しいたします。
詳しくは「里帰り出産時の妊婦健康診査の費用助成」【内部リンク】をご覧ください。

【妊婦健康診査受診票を使用しないで自己負担で健診を受けた場合】

【妊婦健康診査受診票】の交付前に受診した場合や、【妊婦健康診査受診票】を忘れて受診した場合、後日申請していただければ、助成される分の金額をお戻しいたします。
詳しくは「里帰り出産時の妊婦健康診査の費用助成」【内部リンク】をご覧ください。

お問合せ

▲▲課

資料3-3 「妊娠・出産」カテゴリのテンプレート例2 「出生届」

出生届

※【　】内や▲▲の部分は自治体ごとに内容が異なる部分の例文です。
　テンプレートを使用する際は書き換えてください。

概要・内容

出生届とは、生まれてきたお子さんの氏名等を戸籍に記載するための手続きです。
戸籍に記載されることで、生まれてきたお子さんの親族関係が公的に証明されます。

名前を付ける（命名）のに使える文字

命名に使える文字は、常用漢字、人名用漢字、ひらがな、カタカナ、命名に使えるとされている符号「ー（長音）」「ゝ」「ゞ」（同音繰り返し）「々」（同字繰り返し）などです。
使用できるかどうか分からない漢字があるときは、あらかじめお問い合わせください。
（名前に使える漢字【URL: http://www.moj.go.jp/MINJI/minji86.html】）

対象者

お子さんが生まれた方

届出できる人・届出方法・届出期日・届出窓口

お子さんの出生の日から数えて14日以内（国外で出生した場合は出生の日から起算して3か月以内）に、必要なものをお持ちになり、▲▲課窓口にお越しください。

届出できる人

届出はお子さんの父母が行ってください。父母の届出が不可能な場合は、同居者、出産立会人（医師、助産師又はその他の者）の順序に従い、届出ができます。
※非嫡出子の場合、届出できるのは父または母です。ただし、お子さんの出生前に父母が離婚をした場合には、母が届出をしなくてはなりません。
※届出書類の持参は上記以外の方でもかまいませんが、届出人欄には上記の方が記入してください。

届出窓口

休日や時間外でも宿日直での受付（受領）を行います（開庁時以外の受付時間：▲時から▲時）。ただし、後日開庁時間に審査をしてから受理を決定します。

※出生地、本籍地または届出人の所在地の市区町村窓口でも受け付けています（届出人の所在地は一時滞在地を含みます）。

※届出の期限（14日目）が休みの場合：役所の休日（土日、祝日、年末年始）が14日目に当たる場合は、その日以後の最初の開庁日が届出の期限となります。

※提出期限の14日を過ぎてしまった場合：速やかに出生届を提出してください。この際、「戸籍届出期間経過報告書」（用紙は窓口にあります）を併せて提出してください。

手数料

無料

持ち物・届出書類・記入例

1. 出生届・出生証明書【リンク】（記入例）【リンク】
   ※医師記載欄があります。あらかじめ、医師に記載してもらってください。
   ※出生届と出生証明書は一葉の書面に併せて印刷されています。また、病院にも置いてあります。
2. 届出人の印鑑
3. 母子健康手帳
4. 国民健康保険証（加入者のみ）
5. 届出人の本人確認書類

※届出の記載内容に不備があって受理できない場合には、届出書を返却しますので修正して再度提出してください。

お問合せ

▲▲課

資料 4-1　「子育て」カテゴリのメニュー

2　子育て

健診・予防接種
- **お子さんの健康診査**
  - 000049　3か月児健康診査
  - 000050　10か月児健康診査
  - 000051　1歳6か月児健康診査
  - 000052　3歳児健康診査
  - 000053　▲▲市独自の乳幼児健診
- **幼児期の予防接種**
  - 000054　定期予防接種
  - 000055　任意予防接種
  - 000056　予防接種前後の注意点

金銭的支援
- **育児に関する金銭的支援**
  - 000023　乳幼児医療費の助成(子ども医療費)
  - 000024　児童手当
  - 000025　ベビーシッターの費用の助成
  - 000072　教育・保育施設、地域型保育の保育料の減免
  - 000081　幼稚園就園奨励費
  - 000057　幼児2人同乗自転車購入費の一部助成
  - 000058　▲▲市独自の育児に関する金銭的支援
- **ひとり親の方への金銭的支援**
  - 000026　児童扶養手当
  - 000027　ひとり親家庭医療費助成
  - 000028　母子父子寡婦福祉資金
  - 000059　自立支援教育訓練給付金
  - 000060　高等職業訓練促進給付金
  - 000061　▲▲市独自のひとり親の方への金銭的支援
- **障がい、難病のあるお子さんへの金銭的支援**
  - 000062　特別児童扶養手当
  - 000063　障害児福祉手当
  - 000064　小児慢性特定疾病医療費の助成
  - 000065　指定難病医療費の助成
  - 000066　地域別特定疾患医療費
  - 000067　▲▲市独自の障がいのあるお子さんなどへの金銭的支援
- **遺児の方への金銭的支援**
  - 000068　遺児等福祉手当
  - 000069　▲▲市独自の遺児の方への金銭的支援

教育・保育サービス
- **教育・保育サービスの利用について**
  - 000070　子ども・子育て支援新制度について
  - 000071　教育・保育施設、地域型保育の支給認定（1号・2号・3号認定）
  - 000072　教育・保育施設、地域型保育の保育料の減免
- **定期的に利用する教育・保育サービス**
  - 000073　保育所への入所手続き
  - 000074　認定こども園への入園
  - 000075　地域型保育への入所
  - 000076　延長保育
  - 000077　休日・夜間保育
  - 000078　障がい児保育
  - 000079　放課後児童クラブ
- **幼稚園での教育・保育サービス**
  - 000080　幼稚園への入園手続き
  - 000081　幼稚園就園奨励費
  - 000082　幼稚園での預かり保育
- **一時的に利用できる保育サービス**
  - 000083　一時保育
  - 000084　特定保育
  - 000085　病児・病後児保育
  - 000086　ショートステイ・トワイライトステイ

```
          000087  ファミリー・サポート・センター
          000088  ▲▲市独自の一時的な保育サービス
      ▲▲市内の保育所・保育サービス
          000089  公立保育所一覧
          000090  私立保育所一覧
          000091  認可外保育所一覧
          000092  認定こども園一覧
          000093  保育ママ
          000094  ▲▲市独自の保育施設
      ▲▲市内の幼稚園
          000095  公立幼稚園一覧
          000096  私立幼稚園一覧
          000092  認定こども園一覧
      保育所での様々なサポート
          000097  保育所・幼稚園の園庭開放
          000098  ▲▲市独自の保育所でのサポート
      幼稚園での様々なサポート
          000097  保育所・幼稚園の園庭開放
          000099  未就園児親子登園
          000100  幼稚園での子育て相談
          000101  ▲▲市独自の幼稚園での保育サービス
サポート・施設・コミュニティ
      各種教室・講習会
          000102  子育てに関する各種教室・講習会一覧
          000103  ▲▲市独自の子育てに関する教室・講習会
      サポート
          000104  子育て支援総合コーディネーター
          000105  図書館の児童サービス
          000106  ▲▲市独自の子育てに関するサポート
      施設
          000107  各種施設一覧
          000036  保健福祉センター
          000037  母子生活支援施設
          000108  児童館
          000109  公民館
          000110  子育て支援センター
      コミュニティ
          000111  子育てに関する各種コミュニティ・団体一覧
          000112  子育て広場
      その他
          000041  里親制度
病院・救急の時の連絡先
      (サブカテゴリ無し)
          000113  子育てに関する病院一覧
          000114  小児科救急
          000044  小児救急医療電話相談(#8000)
          000045  夜間・休日急病診療所
相談・問合せ
      (サブカテゴリ無し)
          000115  子育てに関する相談窓口一覧
          000116  子育て相談
          000117  母子・寡婦生活相談
          000118  虐待から子どもを守るために
          000119  ▲▲市の子育てに関する相談
その他
      (サブカテゴリ無し)
          000120  その他
```

資料 4-2 「子育て」カテゴリのテンプレート例 1 「乳幼児医療費（子ども医療費）の助成」

乳幼児医療費（子ども医療費）の助成

※【　】内や▲▲の部分は自治体ごとに内容が異なる部分の例文です。
　テンプレートを使用する際は書き換えてください。

概要・内容

お子さんが健康保険を使って病院などにかかったときの、医療費の【一部】を助成します。

利用方法

【県内】の病院にかかる場合、健康保険証と医療費受給資格証を医療機関の窓口で提示してください。▲▲市からの助成金が医療機関などに直接支払われますので、【窓口での自己負担分は発生しません。】

※【県外】で病院などにかかったときは、後日、▲▲課窓口で支給申請の手続きをしてください。助成対象となる金額について助成を行います。【なお、申請ができる期間は診療月の翌月から起算して▲年以内です。】

※申請に必要なもの

1. 健康保険証

2. 【助成金支給申請書【リンク】（記入例）【リンク】】

3. 領収書（対象者の氏名、保険点数、医療費などが記載されているもの）

4. 振込口座がわかるもの

支給内容

【通院・入院医療費ともに保険診療の自己負担分を▲▲市が助成します。】

対象者

【0歳から小学校就学前（6歳に達する日以後、最初の3月31日まで）のお子さんで下記の条件を満たしている方

1. 【本市】に住民登録をしている者であること。

2. 健康保険に加入していること。

3. 生活保護法による保護を受けていないこと。

4. 他の制度により医療費の助成を受けることができるものでないこと。

※受給資格の発生日は出生日です。また、他市町村から転入してきた場合は転入の日となります。】

【所得制限額について】

▲歳以上のお子さんについては、保護者の方の所得制限があります。
保護者の方の審査対象となる年度の所得が限度額未満であることが助成を受ける条件となります。原則として父母のうち、所得の高い方（生計中心者）が審査対象となります。
＜所得限度額＞
・扶養人数0人　▲円
・扶養人数1人　▲円
・扶養人数2人　▲円
・扶養人数3人　▲円

申請できる人・申請方法・申請期日・申請窓口

必要なものをお持ちになり、▲▲課窓口までお越しください。

【※対象となる方ご本人が申請してください。】

持ち物・申請書類・記入例

1. 乳幼児医療費（子ども医療費）支給申請書【リンク】（記入例）【リンク】
2. 健康保険証
3. 印鑑
4. 【振込口座が分かるもの】
   【※転入の方は所得証明書(扶養義務者)が必要です。】

お問合せ

▲▲課

資料 4-3 「子育て」カテゴリのテンプレート例 2 「ファミリー・サポート・センター」

ファミリー・サポート・センター

※【　】内や▲▲の部分は自治体ごとに内容が異なる部分の例文です。
　テンプレートを使用する際は書き換えてください。

概要・内容

【ファミリー・サポート・センターとは、子育ての援助を受けたい人（依頼会員）と援助を行いたい人（提供会員）が、センターを橋渡しに会員登録をし、育児について助け合う会員組織です。】

内容

【下記は援助活動の一例です。
- 保育所までの送迎を行う
- 保育所の開始前や終了後の子どもを預かる
- 学校の放課後や学童保育終了後、子どもを預かる
- 学校の夏休みなどに子どもを預かる
- 保護者等の病気や急用などの場合に子どもを預かる
- 冠婚葬祭やほかのきょうだいの学校行事の際、子どもを預かる
- 買い物など外出の際、子どもを預かる】

利用方法

- 【提供会員、依頼会員ともに、センターに申し込みを行い、会員登録を行うアドバイザーのコーディネートにより、提供会員と依頼会員で顔合わせを行う
- 具体的なサポート（援助）内容が決まったら、依頼会員からセンターへ援助の申し込みを行う
- センターから提供会員に援助の依頼を行う
- 提供会員宅などで援助活動を行う
- 活動終了後、依頼会員から提供会員に直接報酬を支払う】

実施場所（・定員）

お子さんを預かる場所は、原則として提供会員の家庭となります。

対象者

- 子育ての援助を受けたい方（依頼会員）

【生後▲か月から小学生までの子どもがいる方】
- 子育ての援助を行いたい方（提供会員）
【心身ともに健康で、子育てに理解のある 20 歳以上の方で、自宅で子どもを預かることができる方】

※依頼会員と提供会員の両方に登録することもできます。

利用料（費用）

- 平日▲時から▲▲時まで　　1 時間▲▲円
- 平日▲時から▲時まで及び▲▲時から▲▲時まで　　1 時間▲▲円
- 土曜日、日曜日、祝日、年末年始は、利用時間にかかわらず、1 時間▲▲円

※料金は活動終了後、依頼会員が提供会員に直接お支払いください。

申請できる人・申請方法・申請期日・申請窓口

- 子育ての援助を受けたい方（依頼会員）
【対象年齢の子どもがいる方であれば、どなたでもご利用いただけますが、事前にセンターの説明を受け、会員登録する必要があります。】
- 子育ての援助を行いたい方（提供会員）
【特別な資格などは必要ありませんが、事前にセンターの講習を受け、会員登録する必要があります。】

持ち物・申請書類・記入例

1. 【▲▲市ファミリー・サポート・センター登録申請書【リンク】（記入例）【リンク】
2. 印鑑
3. 会員となる方の写真】

お問合せ

▲▲課

資料 5-1 「戸籍・住民票・印鑑登録」カテゴリのメニュー

⑨ 戸籍・住民票・印鑑登録　など

戸籍に関すること
- 戸籍証明の交付請求に関すること
    - 000398　戸籍謄抄本の交付請求
    - 000399　除籍・改製原戸籍謄抄本の交付請求
    - 000400　戸籍の附票の写しの交付請求
    - 000401　戸籍（除籍）記載事項証明書の交付請求
    - 000402　除かれた住民票や戸籍の附票廃棄済証明
    - 000403　不在籍証明書の交付請求
    - 000404　届出または申請の受理（不受理）証明書の交付請求
    - 000405　届書記載事項証明書の交付請求
    - 000406　身分証明書（身元証明書）の交付請求
- 結婚・離婚に関すること
    - 000155　婚姻届
    - 000156　婚姻要件具備証明書の交付請求
    - 000157　外国人との婚姻による氏の変更届
    - 000158　離婚届
    - 000159　離婚の際に称していた氏を称する届
    - 000160　外国人との離婚による氏の変更届
    - 000161　独身証明書の交付請求
- 子どもに関すること
    - 000001　妊娠の届出・母子健康手帳の交付
    - 000003　出生届
    - 000004　認知届
    - 000407　外国人の父母の氏への氏変更届
    - 000408　親権者変更届
    - 000409　親権（管理権）届
    - 000410　未成年者の後見に関する届
    - 000411　未成年後見監督人に関する届
- 養子に関すること
    - 000412　養子縁組届
    - 000413　養子離縁届
    - 000414　特別養子縁組届
    - 000415　特別養子離縁届
    - 000416　離縁の際に称していた氏を称する届
- 戸籍の移動に関すること
    - 000417　転籍届
    - 000418　分籍届
    - 000419　入籍届
    - 000420　就籍届
- ご不幸に関すること
    - 000369　死亡届
    - 000370　死産届
    - 000371　火葬・埋葬許可申請
    - 000372　失踪宣告届（失踪宣告取消届）
    - 000373　姻族関係終了届
    - 000374　生存配偶者の復氏届
- その他戸籍の届出に関すること
    - 000421　氏の変更届
    - 000422　名の変更届
    - 000423　推定相続人廃除届
    - 000424　不受理申出
    - 000425　戸籍の訂正
    - 000180　世帯変更届

住民票の交付請求に関すること
（サブカテゴリ無し）
000426　住民票の写しの交付請求
000427　住民票記載事項証明書の交付請求
000428　広域住民票の写しの交付請求

電子申請・住基に関すること
（サブカテゴリ無し）
000429　住民基本台帳カード（住基カード）の交付請求
000430　公的個人認証サービス（電子証明書交付）

引越しに関すること
（サブカテゴリ無し）
000176　転入届
000177　転出届
000178　付記転出届
000179　転居届

帰化に関すること
（サブカテゴリ無し）
000431　帰化届
000432　国籍取得届
000433　国籍留保届
000434　国籍選択届
000435　外国国籍喪失届
000436　国籍喪失届

印鑑登録に関すること
（サブカテゴリ無し）
000437　印鑑登録の申請
000438　印鑑登録の廃止の申請
000187　印鑑登録の変更届
000439　登録印鑑の亡失の届
000440　印鑑登録証明書の交付請求
000441　印鑑登録証の引替交付請求
000442　印鑑登録証の亡失の届

その他
（サブカテゴリ無し）
000443　本人確認書類
000444　市民カードの交付請求
000445　自動交付機
000446　委任状
000447　郵便請求等一覧

相談・問合せ
（サブカテゴリ無し）
000448　窓口一覧
000449　電話・FAX・メールでの相談
000450　施設一覧

資料 5-2 「戸籍・住民票・印鑑登録」カテゴリのテンプレート例 1 「外国人との婚姻による氏の変更届」

外国人との婚姻による氏の変更届

※【　】内や▲▲の部分は自治体ごとに内容が異なる部分の例文です。
　テンプレートを使用する際は書き換えてください。

概要・内容

外国人と婚姻しても、日本人の方の氏は変更されません。
外国人と婚姻した日本人が外国人配偶者の氏（姓）に変更するためには、外国人との婚姻による氏の変更届を提出する必要があります。

対象者

外国人と婚姻した方

届出できる人・届出方法・届出期日・届出窓口

婚姻の日から6か月以内に対象者ご本人の本籍地・所在地のいずれかの市区町村の役所（役場）戸籍担当へ持参するか、または郵送してください。▲▲市では▲▲課【※開庁時以外の受付時間：▲時から▲時】で受け付けています。
※対象者ご本人が届出をしてください。
※戸籍法に基づく届出ですので、委任は認められていません。
【※休日や時間外でも宿日直での受付（受領）を行います。ただし、後日開庁時間に審査をしてから受理を決定します。】

手数料

無料

持ち物・届出書類・記入例

▲▲市に届け出る場合、以下の持ち物が必要です。

窓口にお越しになる場合

1. 外国人との婚姻による氏の変更届【リンク】（記入例）【リンク】
2. 戸籍謄本(全部事項証明書) 1部
　※提出先の市区町村に本籍がない場合に必要になります。

3. 届出人の印鑑

　※届出人ご本人以外の方が記載済みの届書を持参される場合、届出人の印鑑は不要です。

4. 届出人の本人確認書類【内部リンク】（写真の貼付のあるもの：運転免許証、写真付き住民基本台帳カード等）

　※届出人ご本人以外の方が記載済みの届書を持参する場合は、持参する方の本人確認書類が必要になります。

郵送される場合

▲▲市▲▲課へ、下記2点を送付してください。

1. 外国人との婚姻による氏の変更届【リンク】（記入例）【リンク】
　※昼間ご連絡のつく電話番号があれば必ずお書きください。
2. 戸籍謄本（全部事項証明書）
　※提出先の市区町村に本籍がない場合に必要になります。

お問合せ

▲▲課

資料 5-3 「戸籍・住民票・印鑑登録」カテゴリのテンプレート例 2 「離婚の際に称していた氏を称する届」

離婚の際に称していた氏を称する届

※【　】内や▲▲の部分は自治体ごとに内容が異なる部分の例文です。
　テンプレートを使用する際は書き換えてください。

概要・内容

離婚届が出された場合、婚姻の際に氏を変更した配偶者の方は原則、元の氏（婚姻前の氏）に戻ります。そのため、婚姻中の氏を離婚後も使用したい場合には、離婚の際に称していた氏を称する届を提出する必要があります。

対象者

離婚により婚姻前の氏（旧姓）に戻った方

届出できる人・届出方法・届出期日・届出窓口

離婚の日から 3 か月以内に対象者ご本人の本籍地・所在地のいずれかの市区町村の役所（役場）戸籍担当へ持参するか、または郵送してください。▲▲市では▲▲課【※開庁時以外の受付時間：▲時から▲時】で受け付けています。
※対象者ご本人が届出を行ってください。（戸籍法に基づく届出ですので、委任は認められていません。）
※離婚届【内部リンク】と同時に行うことも可能です。
【※休日や時間外でも宿日直での受付（受領）を行います。ただし、後日開庁時間に審査をしてから受理を決定します。】

手数料

無料

持ち物・届出書類・記入例

▲▲市に届け出る場合、以下の持ち物が必要です。

窓口にお越しになる場合

1. 離婚の際に称していた氏を称する届【リンク】1部　（記入例）【リンク】
2. 戸籍謄本（全部事項証明書）1部
    - ※　提出先の市区町村に本籍がない場合に必要になります。
    - ※　離婚届と同時に提出する場合は2つの届で1部持参してください。
3. 届出人の印鑑
    - ※　提出先に持参する場合に必要になります。
    - ※　届出人ご本人以外の方が記載済みの届書を持参される場合、届出人の印鑑は不要です。
4. 届出人の本人確認書類【内部リンク】（写真の貼付のあるもの：運転免許証、写真付き住民基本台帳カード等）
    - ※　届出人ご本人以外の方が記載済みの届書を持参する場合は、持参する方の本人確認書類が必要になります。

郵送される場合

▲▲市▲▲課へ、下記2点を送付してください。

1. 離婚の際に称していた氏を称する届【リンク】1部　（記入例）【リンク】
2. 戸籍謄本（全部事項証明書）1部（提出先の市区町村に本籍がない場合）
    ※離婚届と同時に提出する場合は2つの届で1部添付してください。

お問合せ

▲▲課

資料6　コンテンツパターン一覧

コンテンツパターン

	1	届出系
定義		手続き後に付帯業務の発生しない情報
例		・出生届 ・婚姻届 ・転入届

	2	申請系 金銭的支援
定義		手当や助成金など、手続き後に金銭の授受が発生する情報
例		・児童手当 ・乳幼児医療費助成 ・高等職業訓練促進給付金

	3	申請系 その他申し込み
定義		支援サービスなど、手続き後に何らかの授受が発生する情報
例		・住民票交付申請 ・保育所への入所 ・ファミリーサポートセンター

コンテンツアイテム（項目）

1 届出系

1	制度名	☆
2	概要	☆
3	内容	
4	対象者	☆
5	届出できる人	☆
6	届出方法	
7	届出期日	☆
8	持ち物	☆
9	手数料	☆
10	届出書類	
11	記入例	
12	届出窓口	☆
13	こんな時は届出が必要です	
14	関連リンク	
15	お問合せ	☆

2 申請系 金銭的支援

1	制度名	☆
2	概要	☆
3	内容	
4	支給内容	
5	対象者	☆
6	申請できる人	☆
7	申請方法	
8	申請期日	☆
9	持ち物	☆
10	申請書類	
11	記入例	
12	申請窓口	☆
13	こんな時は届出が必要です	
14	関連リンク	
15	お問合せ	☆

3 申請系 その他申し込み

1	制度名	☆
2	概要	☆
3	内容	
4	実施場所	
5	定員	
6	対象者	☆
7	申請できる人	
8	利用料（費用）	☆
9	申請方法	☆
10	申請期日	☆
11	持ち物	☆
12	申請書類	
13	記入例	
14	申請窓口	☆
15	こんな時は届出が必要です	
16	関連リンク	
17	お問合せ	☆

資料編

	4	申請系 イベント
定義		講習会やイベントなど、手続き後に参加が発生する情報
例		・両親学級 ・就職セミナー ・文化・芸術・スポーツに関するイベント

5		施設系
定義		子育て支援センターや図書館など、何らかの施設の概略を示す情報
例		・子育て支援センター ・老人ホーム ・図書館 ・公園

6		情報啓発系
定義		上記に当てはまらないもので、特に情報提供自体を目的とした情報
例		・マタニティマーク ・予防接種スケジュール ・学区マップ

1	制度名	☆
2	概要	☆
3	内容	
4	実施場所	☆
5	実施期間	☆
6	定員	
7	対象者	☆
8	申請できる人	
9	利用料(費用)	☆
10	申請方法	☆
11	申請期日	☆
12	持ち物	☆
13	申請書類	
14	記入例	
15	申請窓口	☆
16	関連リンク	
17	お問合せ	☆

1	制度名	☆
2	概要	☆
3	内容	
4	アクセス	☆
5	対象者	
6	利用料金	☆
7	利用時間	☆
8	休日	☆
9	利用方法	☆
10	申請方法	
11	申請期日	
12	持ち物	
13	申請書類	
14	記入例	
15	申請窓口	
16	関連リンク	
17	お問合せ	☆

1	制度名	☆
2	(内容①)	☆
3	(内容②)	
	⋮	
n	関連リンク	
n	お問合せ	☆

※☆印は必須項目とする。
※項目の名称は任意に変更可能とする。
※項目の順番は推奨される順番とする。
※項目にある「対象者」はサービス対象者、「届出できる人」「申請できる人」は届出・申請が可能な人(代理人を含む)を意味する。

資料7　UM タグ（リザーブドタグ）一覧

UniversalMenu (UM) タグ [行政情報に関わるタグ]
− Reserved Tag Ver.1.1 −

カテゴリタグ

住民向け情報

T00001	住民向け情報
T00002	妊娠・出産
T00003	子育て
T00004	保育
T00005	学校教育
T00006	結婚・離婚
T00007	引越し・住まい
T00008	就職・退職
T00009	高齢者支援
T00010	在宅介護
T00011	施設介護
T00012	ご不幸
T00013	戸籍・住民票・印鑑登録等
T00014	税
T00015	国民健康保険
T00016	国民年金
T00017	水道・ガス・電気
T00018	交通
T00019	駐輪・駐車
T00020	都市計画
T00021	ごみ・環境保全
T00022	食品・衛生
T00023	ペット・動物
T00024	生活困窮者支援
T00025	障がい者支援
T00026	消費生活
T00027	健康・医療
T00028	文化・スポーツ・生涯学習
T00029	市民活動・コミュニティ
T00030	防災・災害
T00031	防犯・犯罪
T00032	救急・消防
T00000	未分類

事業者向け情報

T00033	事業者向け情報
T00034	資格・許認可
T00035	規制・指導
T00036	調停
T00014	税
T00037	労働環境・雇用環境
T00038	社会保障
T00039	起業
T00040	廃業
T00041	企業支援
T00042	企業立地・企業誘致
T00021	ごみ・環境保全
T00043	土地取得・建設
T00030	防災・災害
T00031	防犯・犯罪
T00044	貿易・海外ビジネス
T00045	入札・契約
T00046	民間委託等の推進
T00047	相談窓口
T00000	未分類

市（町村）政情報

T00048	市（町村）政情報
T00049	区市町村の基本情報
T00050	政策・計画・取組
T00051	条例・規則
T00052	財政
T00053	監査
T00054	組織・体制
T00055	広報・報道
T00056	シティプロモーション
T00057	刊行物
T00058	統計・調査・報告・観測データ
T00059	情報公開
T00060	広聴
T00061	財産の有効活用
T00062	人事・採用
T00063	首長
T00064	議会
T00065	審査会・審議会・委員会
T00066	選挙
T00000	未分類

観光情報

T00067	観光情報
T00068	観光名所
T00069	自然
T00070	レジャー
T00071	行事・イベント
T00072	特産品・グルメ
T00073	伝統工芸
T00074	伝統芸能
T00075	歴史・文化
T00076	宿泊
T00000	未分類

UMタグ by 一般社団法人ユニバーサルメニュー普及協会

資料編

対象者タグ

観光情報

T00122	法人・団体
T00123	学校
T00124	外国人
T00125	住民
T00000	未分類

事業者向け情報

T00103	農業・林業
T00104	漁業
T00105	鉱業・採石業・砂利採取業
T00106	建設業
T00107	製造業
T00108	電気・ガス・熱供給・水道業
T00109	情報通信業
T00110	運輸業・郵便業
T00111	卸売業・小売業
T00112	金融業・保険業
T00113	不動産業・物品賃貸業
T00114	学術研究・専門・技術サービス業
T00115	宿泊業・飲食サービス業・娯楽業
T00116	生活関連サービス業・娯楽業
T00117	教育・学習支援業
T00118	医療業・福祉業
T00119	複合サービス業
T00120	サービス業
T00121	公務員
T00000	未分類

住民向け情報

T00086	妊産婦
T00087	子育て中
T00088	ひとり親
T00089	未熟児
T00090	障がい児
T00091	遺児
T00092	学生
T00093	独身者
T00094	求職者
T00095	就業者
T00096	高齢者
T00097	介護中
T00098	障がい者
T00099	遺族
T00100	ペット
T00101	被災者
T00102	犯罪被害者
T00000	未分類

カテゴリタグ

コンテンツ種別

T00077	届出
T00078	申請
T00079	支給・支援
T00082	イベント
T00083	施設
T00084	情報啓発
T00085	地図
T00000	未分類

資料8　UMを活用して構築されたポータルサイト『子育てタウン』の例

■UMメニュー活用の例

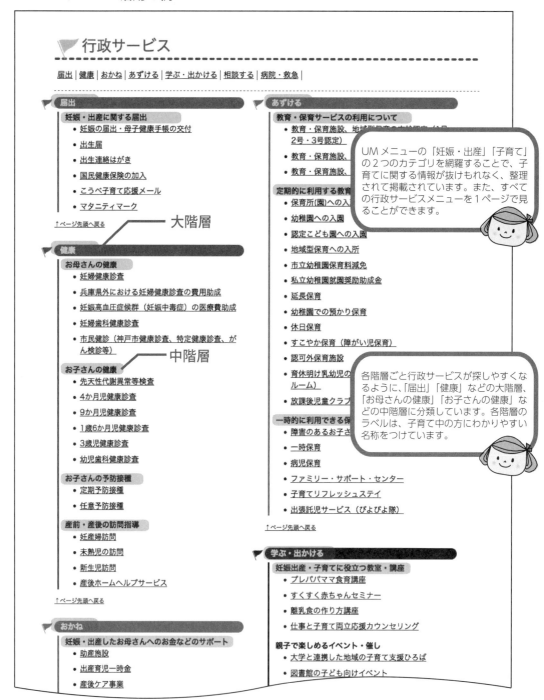

参考：UMの「妊娠・出産」「子育て」をベースに構築された、神戸市「KOBE子育て応援団ママフレ」サイトの例（2017年11月現在）
神戸市のほか、全国自治体での導入事例一覧は、
https://asukoe.co.jp/service/eppp/（株式会社アスコエパートナーズサイト）

■UMタグ活用の例

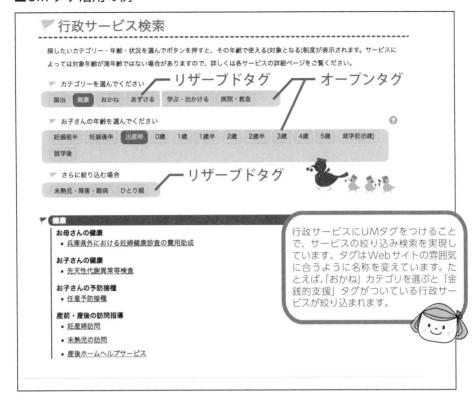

■UMコンテンツパターン・コンテンツアイテム活用の例

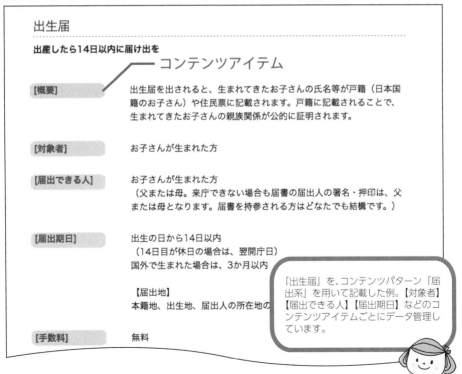

参考文献・参考 Web サイト一覧

参考文献

片山又一郎「コトラー入門」日本実業出版社、2003
河井孝仁「ソーシャルネットワーク時代の自治体広報」ぎょうせい、2016
安井秀行「自治体 Web サイトはなぜ使いにくいのか？」時事通信社、2009
P・F・ドラッカー／上田惇生・田代正美訳「非営利組織の経営」ダイヤモンド社、1991

参考 Web サイト

電子政府構築計画（改定）（首相官邸サイト）
みんなの公共サイト運用ガイドライン（2016 年版）（総務省サイト）
地方公共団体オープンデータ推進ガイドライン（データカタログサイト）
オープンデータをはじめよう〜地方公共団体のための最初の手引書〜（データカタログサイト）
共通語彙基盤（経済産業省　情報処理推進機構サイト）
中間標準レイアウト仕様（総務省サイト）
一般社団法人ユニバーサルメニュー普及協会（http://universalmenu.org/）

UM 導入事例　参考 Web サイト

＜省庁 Web サイト＞　※五十音順、2017 年 11 月現在
復旧・復興支援制度情報サイト
マイナポータル「ぴったりサービス」サイト

＜自治体 Web サイト＞　※都道府県別 五十音順、2017 年 11 月現在

ライフイベントメニュー、タグなど

西川町（山形県）、双葉町（福島県）、さいたま市、ふじみ野市（埼玉県）、葛飾区、中野区（東京都）、福井市（福井県）、尾張旭市、半田市（愛知県）、大阪市（大阪府）、神戸市（兵庫県）、福岡市（福岡県）、伊万里市（佐賀県）

「妊娠・出産」「子育て」カテゴリポータルサイト（子育てタウン）

枝幸町（北海道）、八戸市、弘前市、三沢市（青森県）、花巻市（岩手県）、石巻市、仙台市（宮城県）、由利本荘市（秋田県）、川西町（山形県）、福島市（福島県）、稲敷市、鹿嶋市、神栖市、古河市、境町、桜川市、筑西市、つくばみらい市、土浦市、取手市、那珂市、常陸大宮市、水戸市、守谷市、八千代町、結城市、龍ケ崎市（茨城県）、下野市（栃木県）、桐生市（群馬県）、上尾市、桶川市、川口市、川越市、北本市、行田市、久喜市、鴻巣市、所沢市、飯能市、東松山市、ふじみ野市、吉川市、和光市（埼玉県）、佐倉市、館山市、千葉市、富里市、流山市、習志野市、富津市、四街道市（千葉県）、新宿区、立川市、中央区、豊島区、中野区、練馬区、府中市、武蔵村山市（東京都）、厚木市、海老名市、三浦市、横浜市（神奈川県）、長岡市（新潟県）、高岡市、氷見市（富山県）、能美市（石川県）、富士河口湖町、富士吉田市（山梨県）、佐久市、山形村（長野県）、大垣市、可児市、羽島市、瑞穂市、美濃加茂市（岐阜県）、熱海市、静岡市、藤枝市、富士宮市、（静岡県）、安城市、大府市、刈谷市、田原市、東海市、東郷町、豊明市（愛知県）、伊賀市、名張市、松阪市、（三重県）、湖南市、長浜市、守山市（滋賀県）、福知山市（京都府）、和泉市、大阪市、岸和田市、吹田市、豊中市、寝屋川市（大阪府）、芦屋市、尼崎市、淡路市、伊丹市、神戸市、宝塚市（兵庫県）、斑鳩町、生駒市（奈良県）、出雲市、邑南町、奥出雲町、松江市、安来市（島根県）、吉備中央町、倉敷市（岡山県）、尾道市、廿日市市、東広島市（広島県）、下松市、周南市、防府市（山口県）、東かがわ市、丸亀市（香川県）、新居浜市（愛媛県）、北九州市、福岡市（福岡県）、杵築市（大分県）、高鍋町、宮崎市（宮崎県）

謝辞

　UM の取り組みはあまりにも大きいテーマで、皆様のお力添えなくしてはここまで来ることはできませんでした。UM の立ち上げ、普及にご尽力いただいた UM 普及協会の会員の方々をはじめ、多くの国・自治体の皆様には、貴重なご助言、ご支援をいただきました。深く御礼申し上げます。

　本書も、執筆にご協力いただいた皆様の献身的な取り組み、そして発刊にご尽力いただいた皆様の、UM を広め社会を変えていきたいという強い想いなしには、世に出すことができませんでした。心より御礼申し上げます。

　とりわけ、本書出版の機会をいただいた株式会社ぎょうせいに感謝申し上げるとともに、同社スタッフの皆様には本書の最初の読者として、まさに"利用者視点"での的確なアドバイスをいただきました。心より御礼申し上げます。

一般社団法人ユニバーサルメニュー普及協会
編著者一同

執筆者ほか一覧

【編著】
一般社団法人ユニバーサルメニュー普及協会

【執筆指導】
國領　二郎（慶應義塾大学）
上山　信一（慶應義塾大学）

【執筆協力】
川島　宏一（筑波大学）
村上　文洋（株式会社 三菱総合研究所）

［入門編］
高橋　聡太（福岡女学院大学人文学部）
安井　秀行（NPO 団体アスコエ、一般社団法人ユニバーサルメニュー普及協会）

［実践編］
Phase 1：小根森　崇裕・広瀬　健治
Phase 2・3：齋藤　好美・高岡　英雄
Phase 4：峰島　陽子・大場　麻衣
　（以上、株式会社アスコエパートナーズ）

【デザイン協力】
杉本　さかえ（Document Production Lychee's）
吉成　美佐（株式会社オセロ）

【執筆統括】
荒尾　順子、峰島　陽子、大場　麻衣（以上、株式会社アスコエパートナーズ）

一般社団法人ユニバーサルメニュー普及協会

　自治体・省庁など公的機関向け行政サービスメニュー体系「ユニバーサルメニュー」の開発、普及啓蒙、知的財産の管理を行い、利用者の声を反映させた住みよい地域・社会作り、並びにインターネットを活用した新しい電子政府実現に関する企画・提案・実践を目的とし、平成23年に設立。

会　員

札幌市（北海道）、西川町（山形県）、双葉町（福島県）、境町、ひたちなか市、水戸市（茨城県）、深谷市、ふじみ野市（埼玉県）、中央区、中野区（東京都）、横浜市（神奈川県）、長岡市（新潟県）、福井市（福井県）、下田市（静岡県）、尾張旭市、幸田町、瀬戸市、東郷町、豊明市、長久手市、日進市（愛知県）、伊勢市、みよし市（三重県）、大阪市（大阪府）、尼崎市、神戸市、姫路市（兵庫県）、九度山町（和歌山県）、松江市（島根県）、北九州市（福岡県）、伊万里市（佐賀県）、宮崎市（宮崎県）　　　　　　　　　　　　　　（都道府県別 五十音順、2017年11月現在）

株式会社アイ・エム・ジェイ、株式会社アークウェブ、NPO団体アスコエ、株式会社アスコエパートナーズ、株式会社ウェブ・ワークス、株式会社オプト、株式会社ぎょうせい、株式会社時事通信社、ソンズ株式会社、大日本印刷株式会社、トランスコスモス株式会社、凸版印刷株式会社、一般社団法人日本データマネジメント・コンソーシアム、株式会社ネクシモ、ネットイヤーグループ株式会社、株式会社日立製作所、株式会社フラッツ、株式会社BELLSOFT、三谷コンピュータ株式会社、株式会社ミツエーリンクス、株式会社メンバーズ、株式会社リコー、株式会社ロフトワーク　　　　　　　　　　（五十音順、2017年11月現在）

わかる！つたわる！行政サービス情報整理術
ユニバーサルメニュー導入公式ハンドブック

平成29年12月18日　第1刷発行

　編　著　一般社団法人ユニバーサルメニュー普及協会
　発行所　株式会社ぎょうせい

〒136-8575　東京都江東区新木場1-18-11
電　話　編集　03-6892-6508
　　　　営業　03-6892-6666
フリーコール　0120-953-431
URL: https://gyosei.jp

＜検印省略＞

印刷　ぎょうせいデジタル㈱
※乱丁・落丁本はお取り替えいたします。

©2017 Printed in Japan

ISBN978-4-324-10396-8
(5108371-00-000)
〔略号：ユニバーサルメニュー〕